建築基礎構造【新版】

畑中宗憲・加倉井正昭・鈴木比呂子〔共著〕

東洋書店新社

まえがき

建物に及ぼす地震，風，雪などの外力は建物の自重と共に最終的には建物の基礎（構造）を介して地盤に伝えられる。つまり，建物は基礎構造と地盤が支えているのであり，その重要性が理解できる。また近年の国内外での大地震などの自然災害における建築構造物の被害のほとんどに基礎地盤の変形・崩壊が大きく影響していることは，地盤の安定性が極めて重要であることを改めて私たちに印象づけた。建物の構造安定性の確保には基礎構造を支える地盤の安定性の担保が必要である。

ところで，構造物本体を構成するコンクリートや鉄などの人工材料は構造技術者が自ら選択し，その材料が必要とする大きさとか形状を決めることにより必要な強度・変形特性を設計・施工することができる。これに対して基礎地盤（材料）はほとんどの場合，自然の産物である。技術者はその特性を調査・評価し，それに適した基礎構造を設計・施工することになる。人工材料に比べて地盤（材料）は，多種多様の成因および生成後受けた自然外力の違いがその強度・変形特性に大きく影響し，加えて，材料内での不均一性も極めて大きい。その特性の正しい評価は容易ではない。一方，大変残念なことに，建築の構造技術者で地盤に関する専門の教育を受けた方はそれほど多くない。結果として，地盤工学に関する知識が不足したまま建築の基礎構造の実務に携わることが多い。しかし，建築構造物の設計・施工の実務において地盤・基礎に関する知識は必須の条件となっている。

このようなギャップを埋めるためには，建築の学生や若い構造技術者にとってわかりやすい地盤工学の教科書が必要との考えから，本書を著した。少しでも，建築物を支える基礎地盤の特性の正しい理解，合理的な基礎構造の設計・施工の一助になれば幸いである。

上記のような背景で2004年に初めて本書を著した。その後，関連学会での情報を踏まえ全面的な改訂を行い，予想を超えて多くの方に活用していただいたことに深く感謝を申し上げたい。今般，本書を『新版 建築基礎構造』として「東洋書店新社」から出版するにあたって，演習問題を補充あるいは新規に追

iii

加し，読者がより理解しやすいように努めた。

　今後とも，学問の進歩や基礎構造に関する実務の進化を踏まえつつ，かつ分かりやすい解説に努めたいと考えており，読者諸兄の忌憚のないご意見をいただければ幸いである。

2016年2月　　　　　　　　　　　　　　　　　　　　　　著　者

目　　次

まえがき

第1章　基礎と地盤

1.1	基礎と地盤の役割	2
1.2	基礎の種類	4
1.3	基礎設計の基本的な考え方	6
1.4	地盤の生成	7
1.5	材料としての地盤の特性	11
1.6	基礎設計に必要な地盤定数と地盤調査	13
	1.6.1　基礎設計に必要な地盤定数	13
	1.6.2　原位置地盤調査	14
1.7	基礎の建設と環境	24

第2章　土の基本的な性質

2.1	土の組成と分類	26
2.2	基本量の定義	29
2.3	砂の相対密度	33
2.4	粘性土のコンシステンシー	37
	演習問題	40

第3章　地盤内応力

3.1	有効応力と間隙水圧	46
3.2	地盤の自重による応力	47
3.3	モールの応力円	48
3.4	外的荷重による地盤内応力	51
	3.4.1　集中荷重による地中応力	51
	3.4.2　地表面の平面形分布荷重による地中応力	53

v

演習問題 ………………………………………………………………… 56

第4章　透　水

4.1　ダルシーの法則 …………………………………………………… 62

4.2　透水係数 …………………………………………………………… 63

4.3　透水試験法 ………………………………………………………… 64

　　4.3.1　室内透水試験 ……………………………………………… 64

　　4.3.2　原位置透水試験 …………………………………………… 66

4.4　粒径と透水係数 …………………………………………………… 69

4.5　浸透力 ……………………………………………………………… 71

　　4.5.1　浸透力 ………………………………………………………… 71

　　4.5.2　ボイリングの検討 ………………………………………… 73

　　4.5.3　盤ぶくれ ……………………………………………………… 74

　　演習問題 …………………………………………………………… 75

第5章　粘土の圧密

5.1　土の圧縮 …………………………………………………………… 78

5.2　粘土の圧密 ………………………………………………………… 79

5.3　一次元圧密試験 …………………………………………………… 82

　　5.3.1　一次元圧密試験 …………………………………………… 82

　　5.3.2　圧密沈下特性の評価 ……………………………………… 85

　　5.3.3　圧密沈下量 ………………………………………………… 87

5.4　テルツアーギの一次元圧密理論 ………………………………… 88

　　5.4.1　圧密方程式 ………………………………………………… 88

　　5.4.2　圧密方程式の解 …………………………………………… 92

　　演習問題 …………………………………………………………… 95

第6章　土のせん断強さ

6.1　ダイレタンシー特性と過剰間隙水圧 …………………………… 100

　　6.1.1　ダイレタンシー特性 ……………………………………… 100

	6.1.2 外的荷重による過剰間隙水圧	101
6.2	**せん断試験と土の破壊基準**	105
	6.2.1 一面せん断試験とクーロンの破壊基準	106
	6.2.2 三軸圧縮試験と一軸圧縮試験	107
	6.2.3 応力経路	114
6.3	**砂のせん断強さ**	115
	6.3.1 せん断抵抗角と粘着力の評価	115
	6.3.2 飽和砂の液状化	117
6.4	**粘土のせん断強さ**	127
	6.4.1 正規圧密粘土	127
	6.4.2 過圧密粘土	130
6.5	**土の繰返し変形特性**	131
6.6	**室内試験に用いる試料**	135
	演習問題	140

第7章 土 圧

7.1	**壁体の動きと土圧**	146
7.2	**ランキンの土圧**	148
	7.2.1 主働土圧	148
	7.2.2 受働土圧	150
	7.2.3 粘着力がある地盤のランキンの土圧	151
	7.2.4 地表面に分布荷重がある場合の土圧	152
	7.2.5 裏込め土が多層地盤の場合	154
	7.2.6 鉛直自立高さ	155
7.3	**クーロンの土圧**	155
7.4	**静止土圧**	158
7.5	**山留め壁に作用する側圧**	160
	7.5.1 山留め壁に作用する側圧の考え方	160
	7.5.2 設計用側圧の評価	163
	演習問題	164

第8章　斜面の安定

8.1 斜面安定の基本的な考え方 ………………………………………… 172

8.2 直線斜面の安定性 ………………………………………………… 173

8.3 円弧すべり面による安定解析 ……………………………………… 176

    8.3.1　円弧すべり法の基本的な考え方 ……………………… 176

    8.3.2　円弧すべり法による安全率の計算方法 ……………… 177

    8.3.3　地震時の斜面安定 ………………………………………… 179

    演習問題 …………………………………………………………… 180

第9章　基礎構造の役割

9.1 基礎構造はどのようにして上部構造を支えているのか ………… 182

9.2 基礎の発展の経緯 ………………………………………………… 183

9.3 基礎と地盤の役割 ………………………………………………… 184

    9.3.1　地盤の強度特性評価方法の注意 ……………………… 185

    9.3.2　地盤の変形特性評価方法の注意 ……………………… 187

9.4 地震と基礎構造 …………………………………………………… 189

9.5 基礎の耐久性 ……………………………………………………… 190

9.6 基礎の設計手順 …………………………………………………… 191

第10章　直接基礎

10.1 種類と設計における検討項目 ……………………………………… 198

    10.1.1　種類と役割 ………………………………………………… 198

    10.1.2　設計における検討項目 ………………………………… 199

10.2 鉛直支持力 ………………………………………………………… 200

    10.2.1　地盤の支持力 ……………………………………………… 200

    10.2.2　テルツアーギの支持力理論 …………………………… 201

    10.2.3　支持力の計算方法 ……………………………………… 202

10.3 鉛直沈下量 ………………………………………………………… 205

10.4 水平抵抗 …………………………………………………………… 208

10.5 直接基礎における地盤改良 ･････････････････ 209

10.5.1 地盤改良の役割 ･･･････････････ 209

10.5.2 地盤改良の改良効果の求め方 ･･･････ 210

10.5.3 改良地盤での直接基礎の設計 ･･･････ 211

演習問題 ･･････････････････････････ 211

第11章 杭基礎

11.1 鉛直支持力 ･･･････････････････････････ 217

11.2 鉛直沈下量 ･･･････････････････････････ 219

11.2.1 単杭の鉛直沈下量 ････････････････ 219

11.2.2 群杭の鉛直沈下量 ････････････････ 219

11.3 水平抵抗 ･･･････････････････････････ 221

11.4 引抜き抵抗 ･･･････････････････････････ 223

11.5 杭基礎における地盤改良 ･････････････ 224

11.6 負の摩擦力 ･･･････････････････････････ 225

演習問題 ･･･････････････････････････ 226

第12章 併用基礎

12.1 併用基礎の種類 ･･･････････････････････ 230

12.2 異種基礎 ･･･････････････････････････ 231

12.3 パイルド・ラフト基礎 ･･･････････････ 232

第13章 基礎構造の施工

13.1 直接基礎の施工 ･･･････････････････････ 238

13.2 杭基礎の施工 ･･･････････････････････ 238

13.3 地下室の施工 ･･･････････････････････ 240

第14章 基礎設計の要点

14.1 基礎の性能設計の考え方 ･････････････ 246

14.2 戸建て住宅の基礎設計 ･･･････････････ 249

14.3	低層建物の基礎設計	250
14.4	中高層建物の基礎設計	251
14.5	超高層建物の基礎設計	252
14.6	埋め立て地盤等の軟弱地盤での基礎設計	254
14.7	擁壁の設計	256

第15章　基礎構造と環境

15.1	基礎構造の環境問題への取り組み	260
15.2	広域地盤沈下	260
15.3	杭の施工に伴う環境問題	262
15.4	地盤環境振動問題	262
15.5	土壌汚染問題	264
15.6	地域環境問題への貢献事例	265

| 参考文献 | 267 |
| 索　引 | 270 |

基礎と地盤

第1章 基礎と地盤

1.1 基礎と地盤の役割

　宇宙構造物を除くと，全ての構造物は地盤に立地している。近年その可能性が議論されている浮体構造物でもアンカーは地盤にとっているので，広い意味ではやはり地盤に立地しているといえる。建築構造物はその使用目的を安定的に果たすためには，図1.1.1に示すように構造物の自重（柱や梁などの固定荷重）のほか，構造物利用者の重量や収納している家財道具や機械などの積載重量，そして自然現象に伴う外力，つまり地震荷重，風荷重および雪荷重などに対して十分な強度や変形性能を有するように設計・施工されなければならない。これらの設計荷重は構造物自身で受け止めたのち，基礎を介して地盤へと伝えていくことになる。つまり，最終的には地盤が基礎を介して構造物から伝えられた荷重を支えきれる保証がないと，構造物は成り立たないのである。砂上楼閣という四字熟語は見事なまでに構造物に対する地盤の大切さを表現している。

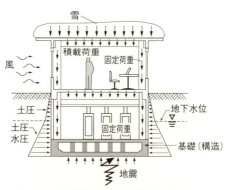

図 1.1.1　建築構造物が支える荷重とその流れ

　図1.1.2（a）と（b）はそれぞれ建築構造物の代表的な基礎形式である直接基礎と杭基礎の構造的な立断面図である。通常最下階の柱脚レベルより上の部分を上部構造といい，それより下部を基礎あるいは基礎構造という。いずれの形

1.1 基礎と地盤の役割

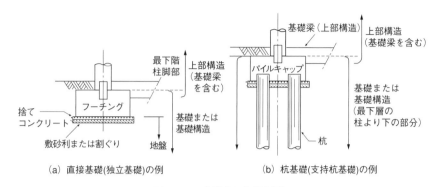

(a) 直接基礎(独立基礎)の例　　(b) 杭基礎(支持杭基礎)の例

図1.1.2　上部構造と基礎構造[1]

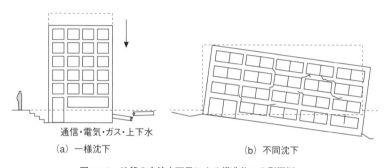

(a) 一様沈下　　　　　　(b) 不同沈下

図1.1.3　地盤の支持力不足による構造物への影響例

式の基礎でも，その役割は上部構造の荷重を地盤に伝えることにあることはすでに述べた。

　地盤が十分な支持力を持たないと，建物にはさまざまな損傷が発生する。例えば，図1.1.3に示すように，建物荷重によって地盤が無視できない量の沈下が生じると，地盤中から建物へ接続されている通信，電気，ガス，上下水などのライフラインの設備に損傷をきたし，建物の使用に不具合が生じる。さらに，不同沈下が発生すると，建物が傾き，設計で考慮されていない荷重が構造体に加えられ，特にコンクリート造はわずかな不同沈下でひび割れが発生し，水漏れの原因になるだけではなく，構造部材の損傷をも引き起こし，構造物全体が安定性を失うことさえある。また，構造物の傾斜により利用者の精神的ストレスも考えられる（第10章参照）。このようなことが生じないように，地盤の性

3

第1章　基礎と地盤

質を適切に評価し，合理的な基礎（構造）の設計・施工が建築構造物の安全性
に不可欠である。

1.2

基礎の種類

　基礎は上部構造の荷重を地盤に伝える方式により図1.2.1に示すように分類される。地表付近地盤の支持力が十分であれば，通常直接基礎が選ばれる。直接基礎は基礎スラブの形式によって，図1.2.1に示すようにさらに分類される。大きくは上部構造の荷重を独立して地盤に伝えるフーチング基礎と，全基礎スラブを介して地盤全体に伝えるべた基礎とに分けられる。フーチング基礎はさらに個々のフーチングの連結の仕方によっていくつかに分類される（詳細は図10.1.1参照）。連結の目的は地盤の強度・変形特性の不均一性や柱荷重の不均一性により，個々のフーチングに伝えられる柱荷重によって，フーチング間に大きな不同沈下が生じるのを防ぐためである（第10章参照）。

　一方，表層地盤の支持力が十分でない場合は，一つの典型的な方法としては建物荷重を杭を介してより深いところにある堅固な地盤に伝える方法がある。杭基礎は上部構造の荷重を杭を介して地盤へ伝達する機構によって，支持杭と摩擦杭に大別される。図1.2.2は支持杭と摩擦杭の支持機構の概略を示している。支持杭は上部構造の荷重を全部下部の堅固な地層に入っている杭の先端の抵抗だけで持つという考えで設計されている。これに対して，摩擦杭は上部構造の荷重を杭と杭周辺地盤との間に働く摩擦力だけで支持させると考えている。詳細は第11章で説明するが，「一つの典型的な方法」と言ったのは，表層地盤の支持力不足に対する対応策は建物の規模，コストや工期なども加味されて，杭以外にもさまざま考えられるからである（第11章参照）。

　敷地地盤の支持力が場所によって大きく異なる場合や，建物が大規模で高層部と低層部にわかれているような場合は，経済性などの理由から図1.2.3（a）に示すように1つの建物で，支持杭基礎とべた基礎など異種基礎を併用することがある。このような基礎を併用基礎という。一方，軟弱な地盤が比較的厚く，

しかし，構造物がそれほど大きくない場合は，支持杭基礎とすると不経済な場合がある。このような場合は，例えば図1.2.3 (b) に示すような直接基礎と摩擦杭基礎の両方の利点をうまく活用したパイルド・ラフト基礎とすることもある。これも併用基礎とみなせる。

　これまで述べたように，建物が構造的安定性を十分に果たすためには，上部構造，基礎構造そして地盤を一体にして検討することが極めて重要である。実際の建設ではさらに，コスト，工期などの要因が加味されて基礎構造やその施工方法が決定されることも珍しくない。本書の第9章から第14章ではこれまで述べた各種基礎の具体的な設計法や設計に当たっての注意事項について実例も交えて説明してある。第1章から第8章までは，基礎設計にとって不可欠な地盤に関する情報，つまり，地盤の性質，それらを求めるための試験，試験結果の解釈と設計への応用の方法について述べる。

図1.2.1　基礎の分類

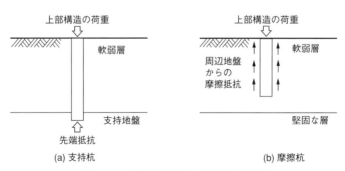

図1.2.2　支持杭と摩擦杭の支持機構の概念図

第1章 基礎と地盤

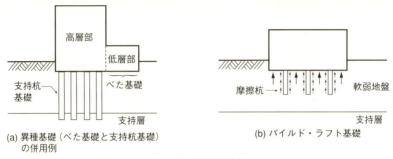

(a) 異種基礎（べた基礎と支持杭基礎）の併用例

(b) パイルド・ラフト基礎

図1.2.3　併用基礎の例

1.3 基礎設計の基本的な考え方

　近年，建築物の構造設計も他の分野での構造設計と同様，その基本的な考え方が従来の「仕様設計」から「性能設計」へと変化してきた。「仕様設計」とは建物の仕様規定を満足するような設計方法で，「性能設計」は建物に要求される性能を満足するような設計の考え方である。性能設計の考え方を具体的な設計法にまとめたのが「限界状態設計法」である。「限界状態設計法」は構造物の安全性，使用性および居住性を確保するための限界状態を明確にし，適切な信頼度のもとにそれぞれの限界状態に至らないように設計する方法である。この限界状態はさらに安全性に関する「終局限界状態」と使用性と居住性に関する「使用限界状態」の2つに分かれて検討される。そして，本書が取り扱っている建築構造物の基礎設計の考えも従来の許容応力度設計法から限界状態設

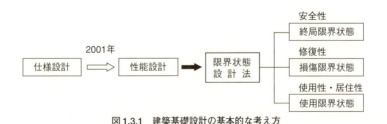

図1.3.1　建築基礎設計の基本的な考え方

表1.3.1　基礎構造の要求性能[1)]

性能レベル (限界状態)	性能内容		
	基礎構造全体の性能 (上部構造への影響に関する性能)	個々の基礎に関する性能	
		基礎部材に関する性能	地盤の強度・変形に関する性能
終局限界状態	基礎の破壊または変位によって，建物が破壊または転倒しない	基礎部材が脆性的に破壊しない。変形性能の限界に達して耐力の低下を生じない	地盤の極限抵抗力を超過しない
損傷限界状態	基礎の変位によって建物に損傷を生じない 基礎の残留変形によって，建物の使用性や機能性，耐久性に支障を生じない	基礎部材に構造上の補修・補強を必要とするような損傷が生じない	上部構造や基礎の耐久性に有害な残留変形を生じない
使用限界状態	基礎の変形によって，建物の使用性や機能性，耐久性に支障を生じない	基礎部材の耐久性に支障が生じない	上部構造の使用性，機能性や耐久性に障害を生じるような過大な沈下・変形を生じない

計法へと変わったのである（建築基礎構造設計指針，2001年改訂）[1)]。なお，建築構造物の基礎は建物完成後に調査することは通常極めて困難である。基礎構造に損傷をきたすと，その修復は上部構造に比べると多大な費用がかかるため，損傷に対する修復性に関する「損傷限界状態」の考え方も取り入れられている。性能設計に基づく基礎設計の基本的な考え方は図1.3.1に示してあり，そして基礎構造への要求性能は表1.3.1に示されている。基礎構造の要求性能は基礎構造全体の性能，基礎構造を構成する部材に関する性能および基礎構造を支える地盤の強度，変形の性能から構成されており，基礎構造の安定性にとって地盤の役割が極めて大きいことが明瞭に示されている。各種限界状態の考え方の詳細や具体的な基礎設計での対応については，第14章に説明してある。

1.4

地盤の生成

　一般に使われている「地盤」という言葉は広い意味を持っており，岩盤も含

第1章　基礎と地盤

まれる。通常の建築構造物で岩盤が問題となることは少なく，いわゆる土でできている地盤が問題であることがほとんどである。岩盤のさまざまな性質については「岩盤力学」の分野で取り扱っている。本書はあくまでも狭義の地盤について述べる。このような地盤がどのように形成されるかを示したのが図1.4.1である。図1.4.1に示すように，実は地盤と岩盤はサイクルの形で関連しており，さまざまな自然の作用により結び付けられている。現在われわれが目にしている地盤はこのサイクルのいずれかの位置にあることになる。主な自然作用について以下に簡単に説明する[2]。

風化：

　地殻表層の岩石は大気と水の循環などによって，徐々に崩壊，溶解，分解して，砕屑物や土壌に変化する。これを風化作用という。風化は物理的風化，化学的風化および生物的風化に分けられるが，それらは互いに関連しながら岩石の風化を促進している。物理的風化の中で最も大きく作用しているのは温度である。地表に露出している岩石は日中と夜間での温度差により，膨張と収縮を繰り返し，次第に分離していく。関西や中国地方一帯で広く知られている真砂土（マサ土）は花崗岩が主として温度変化による風化で生じたものである。化学的風化は岩石鉱物が化学的に分解・変質し，また溶解する作用である。酸化作用，水和作用，溶解作用などがある。秋芳洞などで知られている石灰岩地域での鍾乳洞は水が石灰岩を溶解して形成されたものである。

浸食：

　地球の表面は絶えず風，雨，河川，氷河，海洋や湖沼の波浪などの営力によって削られる。この作用が浸食作用である。そのもっとも代表的なものが河川の流れによる浸食である。台風時の集中豪雨により，水かさが急増した河川の流れによって河岸が削られる様子をテレビの画像で見ることがある。アメリカの有名な観光地グランドキャニオンは数百万年にわたるコロラド川の流れによる浸食で形成されたものである。風による浸食（風食）は細粒な風化生成物を吹き飛ばして，地表を浸食する場合と飛散する砕屑物が研磨剤のように露出した岩石を浸食する場合がある。

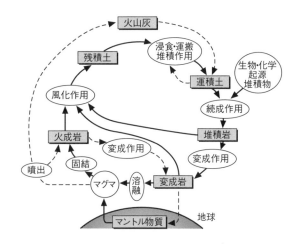

図1.4.1 地盤の生成とロックサイクル[3]

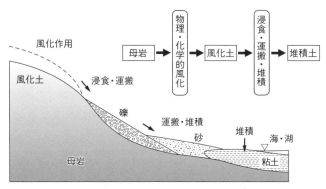

図1.4.2 川の流れと形成地盤の模式図[4]

運搬：

　風化などによって崩壊した岩盤はより小さい塊に変化し，さまざまな運搬作用により別な場所に運ばれていく。その代表的なものが河川による運搬作用である。図1.4.2は河川による運搬作用で形成されるさまざまな地盤を模式的に示している。川の上流である山間では，急流でも運べない大きな礫が堆積し，その下部では中粒の礫が堆積して扇状地を形成し，流れが穏やかになる下流では砂地盤が見られ，河口付近では微粒から構成される軟弱粘土地盤が平野を構成

する。中国の大都市上海は揚子江の流れによって運ばれたヘドロのような微粒が堆積してできた地盤に立地している。河川の運搬作用と形成される地盤の因果関係を知ることは，微地形からおおよそ地盤の性質を推定するのに有用である。運搬作用のもうひとつは風である。春先わが国で黄塵が一面に立ち込めることがある。これは，よく知られているように，中国北西部の砂漠地帯が起源とされる黄土が偏西風によって運ばれてきたものである。日本だけではなく，アメリカの西海岸地域でも観察されることがあるという。

　建築物の上部構造を構成するコンクリートや鉄などの人工材料は中性化や錆などによりいずれも時間が経つとともに次第に「弱く」なる特性が知られている。しかし，地盤については，一般に古ければ古いほど「丈夫」であることが知られている。これは，長い年月の間にさまざまな地殻変動に伴う応力履歴や年代効果（aging effect）と呼ばれる化学的な作用などによって地盤は強くなっていくものと理解されている。そういう意味で，基礎設計では敷地地盤がどの地質年代に形成されているのかを知ることは大切である。図1.4.3は建築構造物の建設にとって重要な地質年代表である。図1.4.3に示すように，恐竜が姿を消して哺乳動物が活躍し始めた約6700万年以降を新生代という。新生代は人類が誕生した約200万年前を境に第三紀と第四紀に分けられる。そして，第四紀は最終氷河期がほぼ終了した1万年前を境にしてそれ以前を洪積世，以降を沖積世という。第三紀の地盤は粒子が結合して岩盤（軟岩含む）になっているこ

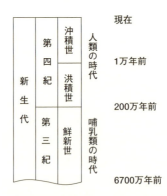

図1.4.3　建築構造物の基礎設計と関連の深い地質年代

とが多い。非常に大きな設計外力を対象とする特別な建物以外は，建築構造物で大きな問題になることは少くない。洪積世に堆積した地盤（洪積層）は長い年月の間に堆積と浸食が繰り返され，地盤は強くなっていることが多い。一方，沖積世に堆積した地盤（沖積層）は地質年代的には堆積してから比較的新しいため，地盤の強度は大きくない場合がある。建築構造物の基礎の設計や施工で最も注意する必要があるのはこの沖積層である。なお，地質学的には，大都市周辺で盛んに行われている埋立てによる人工地盤も沖積地盤に分類される。沖積地盤の中でも，この埋め立て地盤がもっとも軟弱な地盤といえる。兵庫県南部地震で液状化による被害が見られたポートアイランドや今も圧密沈下が進んでいる関西新国際空港が立地している人工島はいずれも埋立地盤である。

1.5

材料としての地盤の特性

地盤は基礎を介して伝達される上部構造の荷重を支える大事な役割を果たしているので，構造物の一部といっても過言ではない。そういう意味では，上部構造を構成する木，鉄やコンクリートなどと同様，地盤も構造物にとって不可欠な工学的な材料とみなせる。一方，地盤という材料は他の構造材料とかなり異なった性質を有していることも事実である。構造材料としてのさまざまな性質については第2章～第8章で詳しく説明する。ここでは，これから学ぶポイントという意味で材料としての地盤の特徴について簡単に述べる。

①地盤は弾性体ではなく，高度の非線形性を呈す

地盤は固体である土粒子が作る骨格の隙間を液体である水あるいは気体である空気で満たされている（図1.5.1）。そのため，わずかな外力でも土粒子の移動により骨格構造が変化し，塑性変形する。他の構造材料と異なって，弾性領域が少なく，微小ひずみ（10^{-6}）から非線形性を示す。図6.5.3に例示するように，せん断ひずみγの大きさに応じてさまざまなせん断弾性係数Gを持つ（第2章，第6章で説明）。

第1章　基礎と地盤

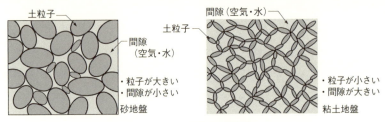

図1.5.1　地盤の骨格構造の模式図

②地盤はせん断強度のみを持ち，せん断変形に伴い体積も変化する

　鉄やコンクリートは値の大小はともかく，「圧縮，引張り，せん断，曲げ」の強度要素をすべて持ち，図1.1.1に示すように構造物に及ぼすさまざまな力を支えている。ところが，地盤は図1.5.1に示す骨格構造から容易に理解できるように，「引張り強度」と「曲げ強度」は持っていない。見かけ上は圧縮で構造物を支えている。「見かけ上」と言ったのは，詳細は第2章以降で説明するが，構造物荷重などによる圧縮によって地盤中に生じるせん断応力に抵抗するせん断強度が地盤が持つ唯一の強度要素である。地盤はせん断されると，せん断変形に伴って骨格構造を構成する土粒子が移動する。その結果，土はせん断変形のみならず，体積も変化（圧縮あるいは膨張）するという特質がある（図6.1.1参照）。この性質をダイレタンシー特性という。ダイレタンシー特性は地盤の強度・変形特性と密接な関係がある（第6章で説明）。

③地盤の強度・変形特性は有効応力に影響される（有効応力の原理）

　地盤の大きな特徴は間隙にある水の存在である。地盤はある深さになれば，必ず地下水がある。地下水位以下の地盤の間隙は水で飽和していると考えてよい。そのため，土粒子は地下水から浮力を受けるので，地盤の有効な拘束応力（有効応力）は見かけ上の応力（全応力）からこの浮力（間隙水圧）を差し引いたものとなる。全応力は有効応力と間隙水圧の和である。これが地盤材料の力学体系を支配する有効応力の原理である。地盤の強度・変形特性にとって大事なのは有効応力である（第3章で説明）。

④地盤の強度・変形特性は透水性に影響される

　間隙水に関連するもうひとつの土の特質は透水性である。先に説明したように，地盤はせん断に伴って，体積変化が生じる。ところで，飽和土を構成する

土粒子と間隙水はそれ自体は通常の応力範囲では非圧縮性と考えてよい（第5章参照）。そのため，せん断に伴う土要素の体積変化は土の間隙から水の出入りによってのみ達成される。このとき，水の透水性が大きな影響を及ぼす。載荷速度が大きいと間隙水が土要素から出入りしようとしても，透水性が小さいと事実上水の出入りができなくなることがある。このような土からの間隙水の出入りの条件を排水条件という。排水ができなければ（これを非排水条件という），間隙水圧が変化し，その結果③に述べた有効応力の原理から，有効応力が変化して，土の強度が変化することになる（第4章，第5章，第6章で説明）。

⑤地盤は自然から与えられた材料であり，場所によって性質が異なる

鉄やコンクリートなどの人工材料はわれわれがある目的のため調合し，作成するので，その性質はかなり均一である。これに対して，地盤は一部の埋立地盤を除けば，ほとんどは自然から与えられたものである。一見同じような地盤でも，堆積年代，堆積環境，応力履歴によってその性質は大きく異なる。その性質を人間が調べ，試験し，明らかにした後にそれを活用することになる。技術者はそれぞれの地盤特性に応じた基礎の設計や施工をしなければならない。

1.6

基礎設計に必要な地盤定数と地盤調査

1.6.1　基礎設計に必要な地盤定数

基礎は地盤に支えられているから，その設計には地盤の情報が不可欠である。図1.6.1を例に基礎設計に必要な地盤定数を簡単に説明する。支持力の検討では，地層構成，土質，単位体積重量，地下水位の位置，せん断強度などが重要である。一方，沈下の検討では，地層構成，土質，変形特性，圧密履歴，圧密特性などが重要である。表1.6.1は基礎設計に必要な地盤定数を①地盤の状態を表す情報と②地盤の工学的性質について整理して示した。第2章～第7章では設計にとってこれらの不可欠な地盤情報を具体的に調査・試験および評価する方法について詳細に説明する。

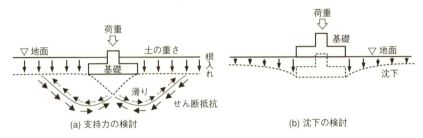

図 1.6.1　支持力および沈下の検討に必要な地盤情報

表 1.6.1　基礎設計に必要な主な地盤定数

地盤の状態を表す情報	地盤の工学的性質
堆積年代（埋立，沖積，洪積） 土層構成（層序，層厚，支持地盤の不陸） 土質（粘土，シルト，砂，礫など） 地下水（地下水位，被圧状況） 応力履歴 （正規圧密，過圧密，圧密未了） 応力状態	強度定数 （粘着力c，せん断抵抗角ϕ，液状化強度，限界動水勾配i_c） 変形特性 （ヤング係数E，せん断弾性係数G，減衰定数h，ポアソン比ν） 圧密特性 （体積圧縮係数m_v，圧縮指数C_c，再載荷時の圧縮指数C_r，圧密降伏応力P_c） 物理的性質 （透水係数k，土粒子密度ρ_s，単位体積重量γ，間隙比e，含水比w，相対密度D_r，塑性指数I_p，静止土圧係数k_0）

1.6.2　原位置地盤調査

　基礎設計に必要な地盤定数を求める試験は大きく，原位置試験と室内試験に分けられる。表1.6.2は基礎設計における検討項目，調査項目と主な調査・試験方法の対応について示したものである。本節では，主な原位置試験について簡単に紹介しておく。なお，室内試験は必要に応じて，第2章および第4章から第6章に説明してある。

表1.6.2 基礎設計における検討項目・地盤調査項目および主な調査・試験方法

検討項目	調査項目	主な調査・試験方法
支持層の検討	地層の構成・土質，層厚	ボーリング調査，標準貫入試験
支持力	せん断強度	標準貫入試験，せん断試験，平板載荷試験
沈下量	圧密特性，変形特性，地層の傾斜，地盤の均一性	物理試験，圧密試験，変形試験
液状化	液状化強度	物理試験，地下水位調査，標準貫入試験，液状化実験
杭の水平抵抗	水平地盤反力係数	孔内水平載荷試験
地盤の振動特性	弾性波速度，繰返し変形特性	弾性波試験，繰返し変形試験

(1) ボーリング調査と土質柱状図

代表的な原位置試験としてボーリング調査がある。通常，地盤については直接目に触れるのは地表だけである。木造の小さい住宅であれば，地表付近の地盤情報だけ把握できればよいが，超高層ビルなどでは規模が大きく，荷重が大きいため，地表付近の地盤情報だけでは構造物の基礎設計はできない。その場合，建設予定地のある程度の深さまでの地盤情報が不可欠になる。その情報を得る基本的な方法がボーリング調査である。ボーリングは英語で穴を掘るという意味である。敷地の適切な位置において，コアチューブにより地盤に直径66〜116mm程度の穴を掘り，そこから採取した土を地上に取り出し，敷地の深さ方向の土質と地層構成を調べる。併せて，地下水位の位置を確認する。地下水位の深さは地盤の強度や変形特性に大きな影響を持つ有効応力（第3章で説明）を決定し，また地下部分の掘削などの施工にも関連する重要な情報である。これらの調査結果は図1.6.2に示す土質柱状図に示される。図1.6.2に示すように，土質区分（名）だけではなく，土の色（色調），土粒子の粒径，水の含み具合，締まり具合などさまざまな情報が現場オペレーターの目視により記録されている。これらの情報は地盤の堆積環境，応力履歴，概略な硬軟などを推定するのに極めて大切である。図中には具体的数値として，標準貫入試験のN値が各深さに対して示されている。これについては次節で説明する。

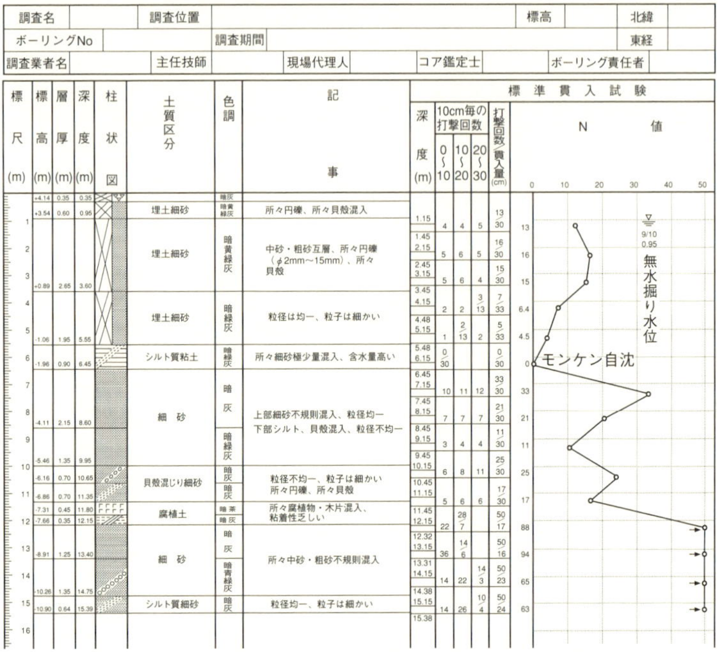

第1章 基礎と地盤

調査名		調査位置					標高		北緯	
ボーリングNo			調査期間						東経	
調査業者名		主任技師		現場代理人		コア鑑定士		ボーリング責任者		

標尺(m)	標高(m)	層厚(m)	深度(m)	柱状図	土質区分	色調	記事	深度(m)	10cm毎の打撃回数 0〜10/10〜20/20〜30	打撃回数/貫入量(cm)	N値
+4.14	0.35	0.35				暗灰					
+3.54	0.60	0.95		埋土細砂	暗灰	所々円礫、所々貝殻混入	1.15	4　5	13	13
					埋土細砂	暗黄緑灰	中砂・粗砂互層、所々円礫（φ2mm〜15mm）、所々貝殻	1.45 2.15	5　6　5	16	16
								2.45 3.15	5　6　4	15	15
+0.89	2.65	3.60			埋土細砂	暗緑灰	粒径は均一、粒子は細かい	4.15	2　2　13	6.4
								4.48 5.15	2　1　13　2　33	4.5
-1.06	1.95	5.55		シルト質粘土	暗緑灰	所々細砂極少量混入、含水量高い	5.48 6.15	0　30	モンケン自沈
-1.98	0.90	6.45				暗灰		6.45 7.15	10　11　12	33	33
				細砂			上部細砂不規則混入、粒径均一	8.15	7　7　7	21	21
-4.11	2.15	8.60				暗緑灰	下部シルト、貝殻混入、粒径不均一	8.45 9.15	3　4　4	11	11
-5.46	1.35	9.95						9.45 10.15	6　8　11	25	25
-6.16	0.70	10.65		貝殻混じり細砂	暗灰	粒径不均一、粒子は細かい、所々円礫、所々貝殻	10.45 11.15	5　6　6	17	17
-6.86	0.70	11.35		腐植土	暗茶暗灰	所々腐植物・木片混入、粘着性乏しい	11.45 12.15	22　28　7	50 17	88
-7.31	0.45	11.80						12.32 13.15	36　14　50　14	94
-7.66	0.35	12.15		細砂	暗灰	所々中砂・粗砂不規則混入	13.31 14.15	14　22　14　50　23	94
-8.91	1.25	13.40			暗青灰灰			14.38 15.15	14　10　50	65
-10.28	1.35	14.75		シルト質細砂	暗灰	粒径均一、粒子は細かい	15.38	14　26　14　50　24	63
-10.90	0.64	15.39									

（N値側注記：無水掘り水位　9/10　0.95　モンケン自沈）

図1.6.2　ボーリング調査と標準貫入試験結果より作成した土質柱状図（一部）

（2）標準貫入試験（JIS A 1219）とN値

　原位置試験の中でもっともよく用いられるのが標準貫入試験である[5]。それは構造物の基礎設計においてこの試験結果が広く利用されているからである。図1.6.3は標準貫入試験の概要を示している。図に示すようにボーリング調査に用いるロッドの先端に2つ割りのサンプラー（外径51±1.0mm，内径35±1.0mm）を装着し，ロッドの上部をドーナツ型のドライブハンマー（63.5±0.5kg）が76±1cm自由落下して，下部にあるノッキングヘッドを下方にたたく。その結果，ボーリングロッドが地盤中に打ち込まれ，先端のサンプラーを30cm地盤中に貫入させるのに必要な打撃回数をN値という。図1.6.2に示すN値を例に，もう少し説明する。N値が0というのはドライブハンマー，ボーリングロッドとサンプラーの自重だけで30cm以上地盤中に沈下する場合を示す（"モンケン自沈"という。モンケンはドライブハンマーの俗称。）。このような地盤は極めて軟弱である。貫入抵抗は10cmずつの値として記録され，30cm貫

1.6 基礎設計に必要な地盤定数と地盤調査

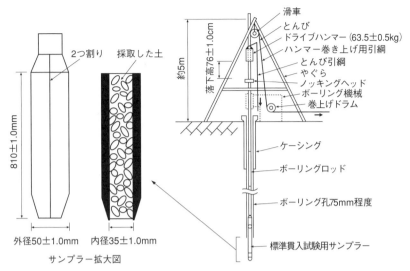

図1.6.3 標準貫入試験の概要[5]

入するのに必要な打撃回数の合計の値がN値として表示される。通常，50回打撃しても貫入量が30cmに満たない場合は，貫入試験を中止し，それまでに貫入した深さを記録し，N値は50以上と表示する（図1.6.2のN値の分布図"→○"を参照）。N値としては，50回打撃までの貫入深さをもとに比例計算で30cm貫入した場合の相当N値を外挿で求める（図1.6.2参照）。貫入試験の深さ方向の間隔は通常75cmあるいは1mである。貫入試験終了後，先端の2つ割りのスプーンサンプラーを地上に回収して（図1.6.3のサンプラー拡大図参照），各深さでの地盤の土質などを観察して図1.6.2に示すように記録する。ところで，図1.6.2では土粒子の径についても大まかな数字を示しているが，この値はスプーンサンプラーの内径が35mmであるため，粒径の大きいものは結果的に排除されていること，およびサンプラーの貫入により粒子破砕が生じている可能性があることに留意する必要がある。標準貫入試験そのものは比較的簡便なものであるが，おもりの自由落下の方法が得られるN値に大きな影響を与える。そのため，現在は手動ではなく，おもりの自由落下は全自動方式で行われている。従って，既往のデータを参照する場合は，おもりの自由落下方法の違いに注意する必要がある。

(3) 平板載荷試験（JGS 1521）

地盤が構造物を支持できるかどうかを直接知る一番確実な方法は，構造物の

17

荷重を予め地盤に加えて，そのときの地盤の強度・変形特性を測定することである。そのような考えから実施される代表的な試験に平板載荷試験（JGS 1521）がある[5]。図1.6.4は平板載荷試験の概要を示している。しかし，構造物が大型になれば，その荷重は膨大になり，そのままの荷重で試験を実施することが不可能である。それで，平板載荷試験では通常，載荷面積を小さくして（例えば直径30cmの円形板），基礎を介して伝達される上部構造の実際の鉛直応力をカバーした範囲の荷重を加えて，地盤についての荷重度−沈下関係を求める。その結果から，地盤の変形特性や破壊強度を推定する（図1.6.4（b））。一方，今まで述べたような理由から，試験の載荷板が実際の基礎面積に比べて小さいため，載荷した荷重は地表近くしか届かず，それより深い地層の地盤特性は反映されていないことに注意する必要がある（図1.6.5，詳細は第3章参照）。図1.6.5の例で言えば平板載荷試験だけでは実際の建物に及ぼす下部の軟弱粘土層地盤の圧密沈下の影響を見逃す可能性がある。数値的な裏づけは第3章の演習問題3-3に示すが，地盤が深さ方向で均一でも，例えば直径30cmの載荷板にqなる荷重による地盤の深さ1mでの鉛直応力増分は直径3mの基礎に同じqなる荷重による同じ深さの鉛直応力の約25分の1にすぎない。したがって，載荷試験で得られるこのような結果の活用には十分注意する必要がある。実務では，平板載荷試験結果と実測結果の比較検討に基づき，平板載荷試験結果をベースにこのような寸法効果を考慮した修正が提案されており，詳細は第9章で述べる。また，地盤が砂と粘性土では透水性（第4章参照）が異なるので，載荷に伴う地盤の排水条件が違うため，求めた地盤の変形特性に影響することにも注意する必要がある。したがって，ボーリング柱状図に示す敷地地盤の地層構成などの情報も踏まえて，総合的に平板載荷試験結果を評価する必要がある。

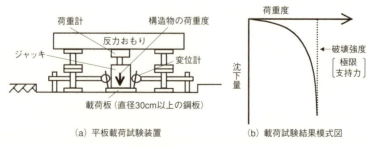

図1.6.4　平板載荷試験装置と試験結果模式図

1.6 基礎設計に必要な地盤定数と地盤調査

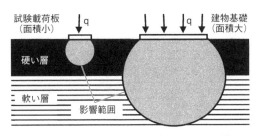

図1.6.5 平板載荷試験における寸法効果とその影響

(4) スウェーデン式サウンデング試験（JIS A 1221）[5]

　この試験は地盤への鉛直荷重による貫入とせん断荷重による回転貫入を併用して，地盤の静的貫入抵抗を測定し，深さ10m程度以浅の軟弱地盤の概略の硬軟と土層構成の把握を目的として行われる。最近では，戸建て住宅のような小規模構造物の敷地地盤の支持力特性の評価方法として用いられるようになってきた。試験装置を図1.6.6に示す。長さが200mmでネジの形をしたスクリューポイントが測定深さに応じて適切な長さのロッドに接続されて地盤に鉛直に立てられる。ロッドの上端は載荷用クランプに連結されている。載荷用クランプの上には50N，150N，250N，500N，750N及び1kNの荷重が載荷できるようになっている。実験はロッドの自重及び載荷用クランプが連結された状態から開始し，必要に応じて荷重を増加させて載荷し，荷重と地盤の沈下量の関係を求める。そして，最大荷重を載せても沈下量が生じなければ，荷重を載せたままハンドルを右回りに回転させて，地盤への貫入量を測定する。回転による貫入量の記録はハンドルを半分（180°）回転した状態を1回転とし，25回転による貫入量を記録する。回転速度は1分間に50回転以下に規定されている。スクリューポイントが硬い層に達し，貫入量が5cmあたりの回転数が25回以上となった場合，あるいは何らかの原因で空転するようになった場合は試験を終了させる。試験結果は荷重だけによる貫入抵抗W_{sw}と回転による貫入抵抗N_{sw}を深さ方向にプロットする。図1.6.7は試験結果の例である。このような簡単な試験で得られる地盤の強さは概略的なものであることを認識しておく必要がある。結果として得られる貫入抵抗W_{sw}とN_{sw}は通常，その値をそのまま使うのではなくて，標準貫入試験のN値に換算して（"換算N値"と呼ぶことがある），地盤の強度を

19

第 1 章　基礎と地盤

推定するのに用いることが多い。しかし，実測データを見ると，W_{sw}やN_{sw}とN値の関係には大きなバラツキがあるが，現状では換算には平均的な相関関係が活用されている。コンクリートの設計強度でさえ試験強度のバラツキを考慮して，平均値から割り引いた値を用いていることを考えると，換算されたN値の活用については十分注意する必要がある。なお，この方法は標準貫入試験とは異なって，直接地盤試料を採取しないため，地盤の土質の正確な評価（砂，シルト，粘土などの区別）が困難であること，地下水位の測定はしていないことにも留意する必要がある。

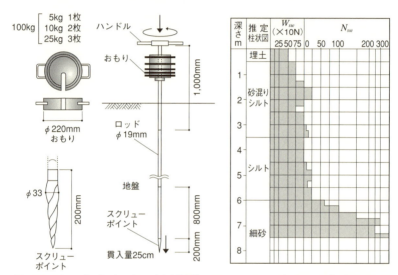

図1.6.6　スウェーデン式サウンディング試験装置[5]　　図1.6.7　スウェーデン式サウンデング試験結果例

(5)　地盤の弾性波速度検層方法（JGS 1122）[5]

弾性波速度検層は人工的に発生させた弾性波を利用して地盤の弾性波速度（S波速度：V_s，P波速度：V_p）を推定する方法の総称で，利用する弾性波の種類や

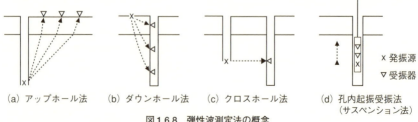

(a) アップホール法　　(b) ダウンホール法　　(c) クロスホール法　　(d) 孔内起振受振法（サスペンション法）

図1.6.8　弾性波測定法の概念

1.6 基礎設計に必要な地盤定数と地盤調査

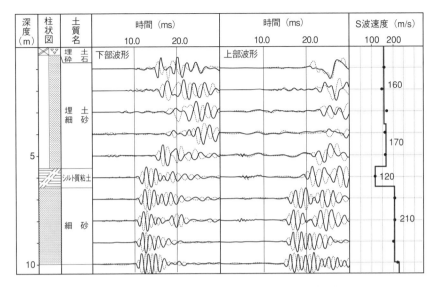

図1.6.9 サスペンション法で得られる各地層深さでの振動（S波）記録例

測定する方法によってさまざまな方法がある。図1.6.8はこの方法による弾性波測定の概念を示している。発振源として人工的に弾性波（横波（S波）あるいは縦波（P波）が卓越した弾性波）を発生させ、あらかじめ地表あるいは地中に設置したセンサー（受振器）によりその地点に伝わってきた振動を記録する。これにより、地層構成と各層の弾性波速度を求めることができる。図1.6.9は孔内起振受振法（サスペンション法）による弾性波試験で得られる各深さの地層での振動記録（S波）である。この方法の特徴は起振器と受振器（2つ）が一体になっている点である。二つの受振器（上部，下部）の間隔を二つの受振器で受信した同一弾性波の時間差で除して弾性波速度を求めることができる。各深度で実線と点線の波形があるのは、S波の場合、正反両方向の起振を行い、位相の反転によりS波であることを確認をするためである。なお、走時曲線からS波速度を求めるにあたっては、地層構成の情報が非常に重要である。この情報が欠落すると、薄い土層を見落とすことがある。式の誘導は省略するがS波速度は微小ひずみにおける地盤の硬さ（せん断弾性係数G_0、6.5節参照）と一義的な関係があり、地盤の概略な硬軟の分類としての地盤種別の評価に用いられる他、いわゆる地盤や地盤－構造物系の地震応答解析には不可欠な地盤情報である（6.5節参照）。

21

(6) 試料採取法

室内試験により地盤定数を評価するための第一歩は対象地盤から試験に必要な試料を採取することである。今日，礫試料を除けば土試料を原位置から採取すること自体はそれほど難しいことではない。しかし，第6章で具体的に説明するが，原位置の力学特性の評価には土の組成だけではなく，土試料が原位置で持っている骨格構造も十分保持している試料を採取することが必要である。原位置の骨格構造を保持している土試料を地盤工学の分野では「乱れの少ない試料」あるいは「不攪乱試料」と呼び，そうでない試料を「乱した試料」あるいは「再調整試料」と呼んで区別している。この「乱れの少ない試料」採取のため，さまざまな努力が払われてきた。ここでは，細粒分の少ない砂地盤や礫地盤の高品質な不攪乱試料を採取できる原位置地盤凍結サンプリング法と軟らかい粘性土の不攪乱試料を採取する水圧型固定ピストン式シンウォールサンプリング法について簡単に紹介しておく。

① 原位置地盤凍結サンプリング法[5)6)]

この方法は細粒分の少ない（20%程度以下）砂や砂礫地盤に適している。図1.6.10に示すように，ボーリングにより地盤に孔をあけ，凍結管を設置し，冷媒（通常は液体窒素）を凍結内管から圧入して内管と外管を進み，外気へと排出される間，凍結外管を冷却する。そして，凍結外管を介して周辺地盤から熱をうばう。その結果，周辺地盤はある程度の上載圧のもとで，間隙水を半径方向に押し出しながら半径方向に一次元的に凍結していく。地盤が凍結した後，土粒

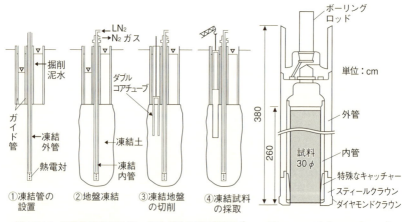

図1.6.10　原位置地盤凍結サンプリング法の手順概要図[6)]　　図1.6.11　ダブルコアチューブ

1.6 基礎設計に必要な地盤定数と地盤調査

（a）凍結試料の円柱面　　　　（b）凍結試料の水平切断面

図1.6.12　原位置地盤凍結サンプリング法で採取した礫試料（大原淳良氏提供）

子の硬さに応じて，鋼鉄製あるいはダイヤモンド製の切刃を装着したダブルコアチューブ（図1.6.11参照，礫試料の例）により，凍結管から十分離れた乱されていない領域より原位置特性をほとんど保持した良質の不攪乱砂や礫試料を採取できる。

この方法は高品質の不攪乱試料を採取できる利点があるが，コストが高いため，現時点では限られた場合に用いられている。図1.6.12は原位置地盤凍結サンプリング法で採取した礫試料である。

②水圧型固定ピストン式シンウォールサンプリング法（JGS 1221）

この方法は粘性土地盤に適している。図1.6.13に示すように，ボーリング孔（86〜116mm径）の底面にサンプラーをおろし，先端のピストンを固定して水圧によりサンプリングチューブを地盤中に押し込んで不攪乱試料を

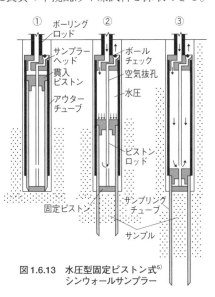

図1.6.13　水圧型固定ピストン式[5]
　　　　　シンウォールサンプラー

23

採取する方法である。

1.7 基礎の建設と環境

　建物の基礎を作るためには，たとえ一時的にせよ，何らかの形で地盤に人為的操作が加えられる。それらの行為により，さまざまな形で環境に影響を与える可能性がある。環境保存あるいは環境との共存が叫ばれる今日では，環境への影響を無視しては構造物を作ることはできない。今日，大きな建設現場では，環境保全とリサイクルの立場から，建設に伴って発生するさまざまな不用物について，個人住宅よりも細かな配慮で分別して，廃棄および再利用している。環境との関わりとしては締固めによる近接構造物への振動と騒音の問題，地盤改良剤による地下水や地盤汚染の問題，場所打ち杭作成にあたっての掘削孔底に沈殿するスライム処理で出る廃棄物，掘削した土の廃棄，地下部掘削にあたっての地下水位低下に伴う周辺地盤の沈下などが考えられる（図1.7.1参照）。その他，基礎地盤の造成のため，自然の傾斜地の切取と盛土などによる植生への影響などにも配慮する必要がある。表1.7.1は基礎建設に伴う環境への影響事項をまとめたものである（第15章参照）。

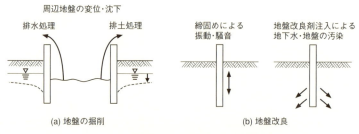

図1.7.1　基礎建設による環境への影響要因例

表1.7.1　基礎建設が環境に及ぼす影響

基礎建設に伴う作業	環境への影響事項
地盤の掘削	周辺地盤の変位，周辺地盤の沈下，地下水位の低下，排土の処理，汲み上げた水の排水，植生への影響
地盤改良	振動，騒音，地下水や地盤の汚染
基礎の作成	スライムの処理，杭基礎の打込みに伴う振動・騒音

第2章

土の基本的な性質

第2章　土の基本的な性質

2.1

土 の 組 成 と 分 類

　コンクリートや鉄などの他の構造材料とは異なって，土は土粒子（固体），水（液体），そして空隙（気体）から構成されている材料であることは既に述べた（図1.5.1参照）。その中心的存在である土粒子はその大きさ（粒径）によって表2.1.1のように分類されている。粒径の小さいほうから粘土，シルト，砂，礫と呼んでいる。なお，この分類における仕分けの粒径の閾値は世界共通ではなく，国によって異なっている場合があることに注意する必要がある。そして，土全体に含まれるシルトと粘土の部分の土全質量に対する質量比を細粒分（F_c），砂と礫をあわせた部分の土全質量に対する質量比を粗粒分と呼ぶことがある。一方，現実の土は粘土だけ，礫だけの土ばかりではなく，粘土の一部に砂が混じっている場合や，礫にもシルトが挟在している場合がある。例えば，図1.6.2のように「シルト質細砂」や「シルト質粘土」などと呼ぶことになる。

　地盤がどういう大きさの粒子で，どういう割合で構成しているのかを知るのには粒度試験を行う必要がある。粒度試験（JIS A 1204）は，通常粒径が0.075mmより大きい粒子についてはフルイ分析法，それより小さい粒子は沈降分析法が用いられる[7]。図2.1.1はフルイ法による粒度試験を簡単に示したものである。異なる大きさの網目を持つフルイを網目の大きいほうを上に順に重ねて置く。一塊の土（図2.1.1の例では300g）を網目の一番大きい上のフルイに置いて，篩う。土粒子はそれぞれの粒径の大きさに応じて適切なフルイに残り，各フルイに残った土粒子の質量を全質量で割った値をそのフルイに残留する土粒子の残留率という。任意のフルイまでの累積した残留率を加積残留率と呼び，全体（100%）から加積残留率を差し引いたのが通過質量百分率である。一方，0.075mmより小さい粒子はフルイ法では粒度分析ができないので，沈降分析と呼ばれる方法により粒度分析される。以下に，JIS A 1204に示す，比重浮標法を用いた沈降分析法の基本的な考え方と試験方法の概略について説明する。

　この方法は，まず2.00mm通過の土を水に入れ，よく攪拌して懸濁液を作り，

メスシリンダーに入れて，土粒子を沈降させる。そのときに，懸濁液の密度を測定できる比重浮標（図2.1.2）を懸濁液の中に入れておく。沈降開始してから時間tを経た後の比重浮標の位置（深さL）と，そのときの比重浮標の示す懸濁液の密度ρを測定して，粒径の分布を求める方法である。この方法は「粒径の異なる粒子が静止した水の中を沈殿していくとき，粒子の沈降速度は粒子の直径の2乗に比例する」というストークスの法則を活用したものである。密度ρ_w，粘性係数ηの流体中を一定速度vで運動する直径dの土粒子が流体から受ける抵抗力fは2.1.1式で表される。土粒子はこの速度に依存する抵抗を受けるので，最終的には一定速度で水中を沈降するようになる。そのときの浮力を差し引いた土粒子の自重と懸濁液からの粘性抵抗力の釣り合いから2.1.2式が成り立つ。ここで，ρ_sは土粒子密度，gは重力加速度。従って，そのときの直径dの粒子の速度は2.1.3式となる。2.1.3式より明らかのように，この法則に従えば，大きな粒子ほど速く沈降するということになる。

$$f = 3\pi\eta\,dv \qquad\qquad\qquad 2.1.1$$

$$3\pi\eta\,dv = \frac{4}{3} \cdot \left(\frac{d}{2}\right)^3 \pi\,(\rho_s - \rho_w)g \qquad\qquad\qquad 2.1.2$$

$$v = \frac{L}{t} = \frac{(\rho_s - \rho_w)g}{18\,\eta} \cdot d^2 \qquad\qquad\qquad 2.1.3$$

つぎに，図2.1.3は異なる粒径の粒子A，B，Cが懸濁液中を沈降していく様子を表している。沈降を始めてからt秒後，懸濁液表面からLの深さにおける粒子の最大径をdとすれば，ストークスの法則から，深さLまでの間においては直径dより大きい粒子は存在しないことになる。いま，直径がdより小さい土粒子の重量W_{sd}と懸濁液中に含まれる土粒子の全重量W_sとの比をPとすると，Pは2.1.4式となる。

$$P = \frac{W_{sd}}{W_s} \qquad\qquad\qquad 2.1.4$$

ここで，Pはdより小さな粒子の全土粒子重量に対する割合であり，粒径dにおける加積通過率を示すものである。従って，Pを求めることは粒径加積曲線上の粒径dに対応する加積通過率を求めることになる。そして，W_sは試験試料の全重量であり，W_{sd}は深さLの位置の懸濁液の密度ρから求めることがで

第2章 土の基本的な性質

きる。この様に沈降分析法を用いて，任意の粒径 d における加積通過率を求めることができる。なお，測定法の詳細は専門書を参考されたい。

横軸（対数目盛り）を粒径（フルイの網目），縦軸を通過質量百分率（％，算術目盛）としてプロットしたのが図2.1.4に示す粒径加積曲線である。土を構成するさまざまな大きさの粒子の混ざり具合を粒度配合と呼んでいる。粒度配合の程度を示す指標に均等係数（U_c）がある。その定義は2.1.5式により表される。2.1.5式中の D_{10}，D_{60} はそれぞれ，通過質量百分率が10％と60％の粒径である。D_{10} は特に有効径と呼ばれている。図2.1.4に示す千間山砂と埋立マサ土を例に説明しよう。埋立マサ土の D_{10} は0.2mm，D_{60} は3mm，そして均等係数 U_c は15.0となる。通常 U_c が4以上の土を粒度配合のよい土と言い，4未満の土を粒度配合の悪い土という。したがって，埋立マサ土は粒度配合の良い土ということになる。千間山砂は $U_c＝2.0$ で粒度配合の悪い土となる。この粒径加積曲線から地盤の性質に関連するさまざまな情報を大まかに得ることができる。

$$U_c = \frac{D_{60}}{D_{10}}$$

2.1.5

表2.1.1　土粒子の粒径による土の分類

土質材料（石分=0%）◀━━▶岩石質材料（石分≧50%）

細粒分		粗粒分						石分	
粘土	シルト	砂			礫			石	
		細砂	中砂	粗砂	細礫	中礫	粗礫	粗石（コブル）	巨石（ボルダー）

0.005　0.075　0.25　0.85　2.0　4.75　19　75　　300　　（mm）

粒径

フルイの呼び径〔mm〕	各フルイの残留試料〔g〕	残留率〔%〕	加積残留率〔%〕	通過質量百分率	
75.0	0	0	0	100	
53.0	6	2	2	98	
37.5	18	6	8	92	
26.5	24	8	16	84	
19.0	24	8	24	76	礫
9.5	51	17	41	59	
4.75	27	9	50	50	
2.00	27	9	59	41	
0.85	30	10	69	31	
0.425	24	8	77	23	
0.250	12	4	81	19	砂
0.106	9	3	84	16	
0.075	15	5	89	11	
受皿	33	11	100	0	
全体	300				

図2.1.1　フルイによる粒度分析試験

28

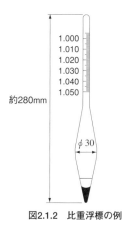
図2.1.2 比重浮標の例

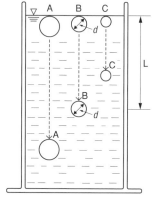
図2.1.3 粒子の大きさと沈降速度関係の模式図

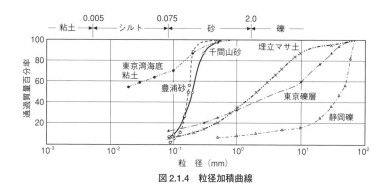
図2.1.4 粒径加積曲線

2.2 基本量の定義

　土は固体である土粒子が土の骨格構造を構成し，周りの隙間は水，空気で満たされている。今，土塊の体積をV，質量をM，重量をWとし，土塊を構成している土粒子，水，および空気をあらわす添え字をそれぞれs，w，aとすると土の構成は図2.2.1のようになる。なお，地盤工学では，空気の質量（m_a）およ

び重量（W_a）は通常0と考えている。土のさまざまな性質はこれらの構成要素の全体に占める体積，質量および重量の割合により大きく異なる。次節以降の説明を容易にするため，土の基本量を以下のように定義する。V_vはV_aとV_wを合わせた間隙の体積を表す。

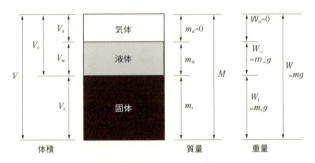

図 2.2.1　土の構成成分の体積、質量と重量

土に含まれる水の量を表す基本量：

$$\text{含水比}\ (w) = \frac{\text{間隙に含まれる水の質量}}{\text{土粒子部分の質量}} = \frac{m_w}{m_s} \times 100\ (\%) \qquad 2.2.1$$

$$\text{飽和度}\ (S_r) = \frac{\text{間隙に占める水の体積}}{\text{間隙の体積}} = \frac{V_w}{V_v} \times 100\ (\%) \qquad 2.2.2$$

土に存在する間隙の体積の量を表す基本量：

$$\text{間隙比}\ (e) = \frac{\text{土の間隙の体積}}{\text{土の土粒子部分の体積}} = \frac{V_v}{V_s} \qquad 2.2.3$$

$$\text{間隙率}\ (n) = \frac{\text{土の間隙の体積}}{\text{土の全体積}} = \frac{V_v}{V} \times 100\ (\%) \qquad 2.2.4$$

ここで，含水比wの測定方法（JIS 1203）について説明しよう[7]。質量mの湿潤状態の土試料に含まれる水の質量m_wは土試料を110℃の恒温乾燥炉で24時間乾燥させた後の土の質量をm_sとすれば$m_w = (m - m_s)$として求められる。含水比wは2.2.1式に従い$m_w / m_s \times 100\ (\%)$で求められる。

間隙比と間隙率は2.2.5式で互換される。地盤工学では通常間隙比を用いることが多い。もうひとつ大事な基本量として，土粒子密度がある。土を構成する

土粒子部分の単位体積あたりの平均質量をいう。平均質量というのは，土粒子はさまざまな鉱物の集まりであり，土粒子の密度試験（JIS A 1202）では一塊の土粒子について測定し，その平均的な値としているためである[7]。これは図2.2.1の構成図を用いれば，2.2.6式のように定義される。

$$n = \frac{e}{1+e} \times 100 \ (\%) \qquad 2.2.5$$

$$土粒子密度 = \rho_s = \frac{m_s}{V_s} \ (g/cm^3) \qquad 2.2.6$$

図2.2.2を用いて，土粒子密度ρ_sの測定方法を簡単に説明しよう。一塊の土粒子の質量を測定しm_sとする。これらの土粒子を水を注いだガラス瓶（ピクノメータ）に入れ，空気が入らないようにいっぱいにする。この時の質量をm_1とする。$m_1 - m_s$はガラス瓶の質量と土粒子を除いた水の部分の質量の和となる。次に，同じガラス瓶を水だけでいっぱいにし，その時の質量をm_2とすると，$m_2 - (m_1 - m_s)$は土粒子の体積V_sと同じ体積の水の質量となる。水の密度をρ_wとすると，水の体積V_wは下式により求められる。$V_w = V_s$であるので$\rho_s = m_s / V_s$から土粒子密度が求まる。

$$\frac{m_2 - (m_1 - m_s)}{\rho_w} = V_w$$

図1.4.1からわかるように，土粒子のもとは造岩鉱物であり，地殻に豊富に含まれるものは20種類程度である。その主なものは石英，長石，輝石，雲母などである。それらの密度は表2.2.1に示すようにほとんど2.5～2.8g/cm³の狭い範囲にある。ただ有機質土であるピートは1.4～2.3g/cm³程度であり，空気を多く含む火山性ガラスであるシラスは1.8～2.4g/cm³程度である。

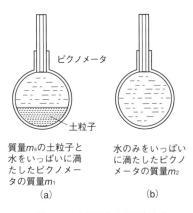

図2.2.2　土粒子密度の測定方法

第 2 章　土の基本的な性質

表 2.2.1　地盤に含まれる各種鉱物と土粒子の密度[8]

鉱物名	密度 ρ_s (g/cm³)	土質名	密度 ρ_s (g/cm³)
石　英	2.6～2.7	豊浦砂	2.64
長　石	2.5～2.8	沖積砂質土	2.6～2.8
雲　母	2.7～3.2	沖積粘性土	2.50～2.75
磁鉄鉱	5.1～5.2	泥炭（ピート）	1.4～2.3
カオリナイト	2.5～2.7	関東ローム	2.7～3.0
モンモリロナイト	2.0～2.4	シラス	1.8～2.4

　土の締まり具合を示す基本量として，土の全体積に対する質量の比，すなわち単位体積あたりの質量を表す密度が用いられる。土の含水状態によって，湿潤密度と乾燥密度の二つが用いられ，土の構成図を用いれば，それぞれ2.2.7式および2.2.8式で表される。

$$\text{湿潤密度}\quad \rho_t = \frac{\text{土の全質量}}{\text{土の全体積}} = \frac{m}{V}\ \ (\text{g/cm}^3) \qquad 2.2.7$$

$$\text{乾燥密度}\quad \rho_d = \frac{\text{土の土粒子部分の質量}}{\text{土の全体積}} = \frac{m_s}{V}\ \ (\text{g/cm}^3) \qquad 2.2.8$$

　土の乾燥密度は2.2.8式からわかるように，土の乾燥状態の密度ではなく，土の土粒子の質量を全体積で割った値である。これは，乾燥土の場合，その密度が土の締まり具合をあらわす指標になっているからである。なお，設計などでは土の密度よりも土の重量がよく使われるので，密度に類似の量として，単位体積重量が用いられる。湿潤密度と乾燥密度に対して，それぞれ，湿潤単位体積重量と乾燥単位体積重量が用いられ，2.2.9式と2.2.10式で定義される。なお，2.2.9式と2.2.10式におけるgは重力加速度を示す。gは$9.8 m/s^2$である。

$$\text{湿潤単位体積重量}\quad \gamma_t = \frac{W}{V} = \frac{mg}{V} = \rho_t\, g\ \ (\text{kN/m}^3) \qquad 2.2.9$$

$$\text{乾燥単位}\quad \gamma_d = \frac{W_s}{V} = \frac{m_s g}{V} = \rho_d\, g\ \ (\text{kN/m}^3) \qquad 2.2.10$$

　地下水位以下の地盤は通常飽和していると考えられている。水で完全に飽和し

ている地盤の湿潤単位体積重量は特に飽和単位体積重量（γ_{sat}）と呼ばれ，2.2.11式で表される。飽和した地盤が水浸状態にあれば，浮力を受けるので，これを特に水中単位体積重量（γ'）と呼ぶ。γ'はγ_{sat}から水の浮力を差し引いて求められる（2.2.12式）。ここで，ρ_wは水の密度で，特にことわりがない限り1.00g/cm³とする。そして，水の単位体積重量（$\gamma_w = \rho_w \cdot g$）は9.8kN/m³となる。

$$\text{飽和単位体積重量} \quad \gamma_{sat} = \frac{\rho_s + \rho_w\, e}{1 + e}\, g \quad (\text{kN/m}^3) \qquad\qquad 2.2.11$$

$$\text{水中単位体積重量} \quad \gamma' = \gamma_{sat} - \gamma_w = \frac{\rho_s - \rho_w}{1 + e}\, g \quad (\text{kN/m}^3) \qquad 2.2.12$$

ところで，2.2.1式から2.2.12式までに定義された土のさまざまな基本量のうち，直接求めることが困難なものとして間隙比（e），間隙率（n）および飽和度（S_r）が含まれている。これらの量はいずれも定義の中に間隙の体積（V_v）が含まれている。土の間隙は土粒子が構成する骨格の残りの部分で，イレギュラーな形をしており，その体積を直接求めることは不可能である。そのため，e, nおよびS_rについては，定義にしたがって直接求めることはできない。しかし，2.2.13式よりρ_sおよびρ_dがわかればeは計算により求められる。eがわかれば2.2.5式によりnが計算できる。一方，飽和度S_rについては，間隙比eが求まれば2.2.14式より求まる。

$$e = \frac{\rho_s}{\rho_d} - 1 \qquad\qquad\qquad\qquad\qquad\qquad\qquad 2.2.13$$

$$S_r = \frac{\omega\, \rho_s}{e\, \rho_w} \quad (\omega \text{と} S_r \text{は同じく小数かパーセントで表示}) \qquad 2.2.14$$

2.3

砂の相対密度

砂のような粒状体の密度は構成している粒子の径，形，粒度配合などによっ

て大きく影響される。そのため，異なる種類の砂の締まり具合を比較したとき，それぞれの砂の密度の絶対値だけでは，土粒子の締まり具合を適切に評価できない。そこで，砂や礫などの粒状体に対して，その締まり具合をあらわす指標として，Terzarghi（テルツアーギ）によって相対密度（D_r）という考えが導入された[9]。2.3.1式に間隙比による相対密度の定義が示されている。ところで，間隙比を求めるためには，2.2.13式に示すように，乾燥密度のほか，土粒子密度も求める必要がある。その測定誤差の影響を排除する考えから，間隙比ではなく，乾燥密度を用いて相対密度をあらわしたのが2.3.2式である。2.3.1式あるいは2.3.2式の定義から，最も緩い状態で$D_r = 0\%$，最も密な状態で$D_r = 100\%$ということになる。2.3.2式からわかるように，相対密度を求めるためには実地盤の乾燥密度（ρ_d）のほか，地盤の土粒子組成をそのまま用いて，人為的に，最小密度（ρ_{dmin}）および最大密度（ρ_{dmax}）を求める必要がある。粒径が2mm以下の砂については，最小密度および最大密度を求める基準化された方法が示されている（JIS A 1244）[7]。内径約6cm，深さ約4cmのステンレス鋼製の鏡面仕上げの容器に，図2.3.1に示すような方法により最小密度（a）と最大密度（b）を求める。最大密度は砂を10層程度にわけて容器に入れ，各層に100回容器を水平に打撃する。なお，ここでいう最小及び最大密度は必ずしもこれ以上作ることができない最小あるいは最大の密度を意味するのではなく，JISの基準に

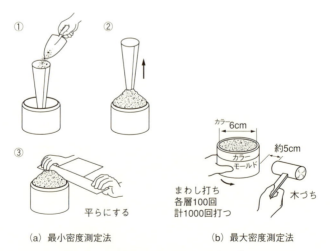

(a) 最小密度測定法　　　　　(b) 最大密度測定法
図2.3.1　砂の最小及び最大密度の測定法[10]

示す方法により測定される最小及び最大の密度である。このような理由から，実際の地盤のD_rが計算上100％を超えることがあるが，100％を超えた量には特別な意味はない。なお，礫地盤の最小密度・最大密度を求める試験方法についても（社）地盤工学会がすでに基準化している（JGS 0162）。

$$D_r = \frac{e_{max} - e}{e_{max} - e_{min}} \times 100 \ (\%) \qquad 2.3.1$$

ここで，eは地盤の間隙比，e_{min}とe_{max}は最小および最大間隙比

$$D_r = \frac{\rho_{dmax}(\rho_d - \rho_{dmin})}{\rho_d(\rho_{dmax} - \rho_{dmin})} \times 100 \ (\%) \qquad 2.3.2$$

ここで，ρ_dは地盤の乾燥密度，ρ_{dmin}とρ_{dmax}は最小および最大乾燥密度

ところで，相対密度を求めるのには2.3.2式（あるいは2.3.1式）に示すように，地盤の原位置での乾燥密度ρ_d（あるいは間隙比e）を知る必要がある。地下水位以下の飽和砂地盤の原位置の密度（あるいは間隙比）を精度良く求めることは大変困難である。図2.3.2には第1章で述べた原位置地盤凍結法により飽和砂地盤から採取された高品質の不攪乱試料を用いて求められた各種砂地盤の原位置密度と通常用いられているチューブ回転貫入方法で求められた原位置密度から求めた相対密度を比較したものである[11]。高品質の不攪乱試料から求められた砂地盤の原位置での相対密度は標準貫入試験の結果から予想される地盤の硬

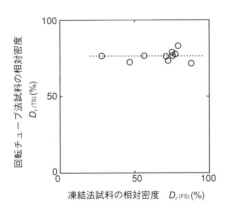

図2.3.2　試料採取法が砂地盤の原位置相対密度に与える影響[11]

軟をよく反映しており，その値は27%〜87%の広い範囲に分布している。ところが，チューブ回転貫入方法により求められた結果は，データの変化範囲が狭く，75%±5%の範囲にある。このような結果になったのは，コアチューブを回転させながら地盤中に貫入して砂試料を採取する過程で，緩い地盤はせん断されて密になり，密な地盤は逆に緩くなったためと理解できる。つまり，地盤の最も基本的な物理量である密度も適切な試料採取法を用いないと正確に評価できないことを示している。せん断に伴う地盤のこのような性質はすでに1.5節で述べたようにダイレタンシー特性と呼ばれ，詳しくは第6章において説明する。

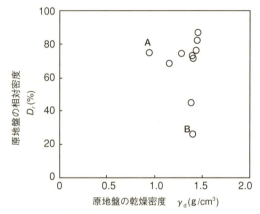

図2.3.3　原位置地盤凍結法で得られた異なる砂地盤の
　　　　　乾燥密度と相対密度の関係

　図2.3.3は異なる砂地盤から原位置地盤凍結法により求めた乾燥密度と相対密度の関係を調べたものである。図からわかるように，両者の間には相関は認められない。地盤Aの乾燥密度は地盤Bの乾燥密度よりもかなり小さいにもかかわらず，相対密度で見ると，地盤Aは地盤Bよりも大きく，つまり，地盤Aの方が相対的にずっとよく締まっていることがわかる。このように，相対密度は乾燥密度だけでは説明できない地盤の相対的な締まり具合を合理的に説明している。

2.4 粘性土のコンシステンシー

　粘土粒子の大きさは定義上粒径が0.005mm以下で非常に小さく，肉眼では粒子を見ることができない。粘土粒子は扁平な形をしており，質量の小ささに比べて表面積が非常に大きい。表面に作用する電気的な力が重力よりも大きいという特徴がある。図2.4.1に示すように，粘土粒子の表面はO^{-2}やOH^{-1}のマイナスイオンを持ち，周りに水があると，水素分子のH^+と強く結合し，粒子の周りに水素分子が吸着され，水膜で包まれてしまう。この水膜を吸着水という。吸着水の外にある水は自由に動くことができ，吸着水と区別されて自由水と呼ばれる。粘土粒子はこの吸着水膜を介して接触している。ところで，吸着水の膜をもつ粘土粒子によってできる構造は周りにあ

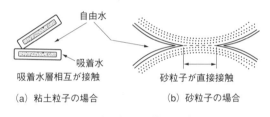

図2.4.1　粘土粒子と砂粒子の接触

る自由水の量によって大きく異なることが知られている。粘土は含水状態によって，外力に対する抵抗の仕方が異なり，この性質をコンシステンシーと呼ぶ。

　粘性土のコンシステンシーは，たっぷり水を含んだ状態から，水が少なくなるにつれて塑性状，半固体状，固体状と変化するので，それらの状態の境界を含水比を用いて区分できる。

　図2.4.2は粘性土の状態と境界含水比の関係を示したものである。境界の含水比を水の

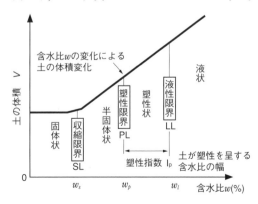

図2.4.2　土の状態変化とコンシステンシー限界

第2章 土の基本的な性質

多いほうから液性限界の含水比 w_l, 塑性限界の含水比 w_p, および収縮限界の含水比 w_s と呼び, これらの境界の含水比の総称をコンシステンシー限界と呼ぶ。コンシステンシー限界は1911年にAtterberg（アッターベルグ）が提唱し, アッターベルグ限界ともいう。現在用いられているこれらの限界状態の含水比を求める土の液性限界・塑性限界試験方法（JIS A 1205）も彼の提案方法である[7]。

粘性土といっても, 粘土粒子のほか, シルトや砂粒子を含むことがある。粘土粒子が多く含めば, 含水比が大きくなり, 少なければ, 低くなる。それによって粘土の塑性が変わる。粘性土の塑性は液性限界（*LL*）と塑性限界（*PL*）の含水比の差で表すことができ, その差を塑性指数（I_p）といい, 2.4.1式であらわせる。

$$塑性指数 \quad I_p = w_l - w_p \qquad\qquad 2.4.1$$

液性限界を求める方法は以下に示す通りである。図2.4.3に示す黄銅製の皿に軟らかい試料を入れた後, 規定の刷毛により試料の中央に2mm幅の溝を切る。この皿を図に示す台の上に載せ, つまみを2回/秒の早さで回転させ, これによってカムを介して黄銅皿は2回/秒の割合で1cmの高さから繰返し落下し, その振動によって黄銅皿にある2つに分かれた粘土は滑ってお互いにくっつくようになる。溝の底部が長さ1.5cmにわたって接合したときの落下回数を測定し, その時の試料の含水比を求める。試料の含水比を種々変化させて同様な実験を行い, その結果を図2.4.4のように, 横軸に落下回数を対数目盛, 縦軸に含水比を算術目盛でプロットすると, 落下回数と含水比は直線関係を示すことが知られている。これを流動曲線という。そして, 落下回数が25回における含水比を液性限界 *LL* としている。図2.4.4の試料では液性限界の含水比（w_l）は84%ということになる。

液性限界試験に用いる試料を用いて, すりガラスの上に, 手のひらで土試料をころがしながら直径3mmのひも状にしていく（図2.4.5参照）。これを繰返していくと, 空中や手のひらに土の水分が次第にとられて, ちょうど直径3mmの状態で土試料が切れ切れになった時の土試料の含水比が塑性限界 *PL* である。

2.4 粘性土のコンシステンシー

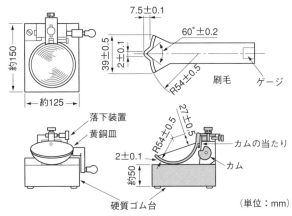

図 2.4.3　液性限界の測定方法[10]

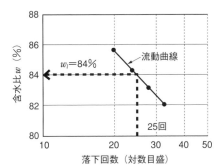

図 2.4.4　流動曲線と液性限界の決定方法

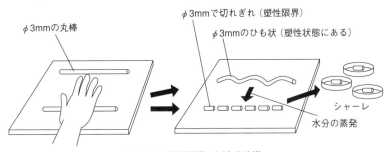

図 2.4.5　塑性限界の測定方法[10]

39

第2章　土の基本的な性質

〔演習問題2-1〕

2.2.11式を誘導せよ。

〈解答〉

$$\gamma_{sat} = \frac{mg}{V} = \frac{m_s + m_w}{V_w + V_s}g \quad （飽和土であるから V_v = V_w）$$

$$\gamma_{sat} = \frac{\dfrac{m_s}{V_s} + \dfrac{m_w}{V_s}}{\dfrac{V_w}{V_s} + 1}g = \frac{\rho_s + \dfrac{m_w}{V_w}e}{e+1}g \quad （\frac{m_s}{V_s} = \rho_s , e = \frac{V_v}{V_s} = \frac{V_w}{V_s} \rightarrow V_s = \frac{V_w}{e}）$$

$$\gamma_{sat} = \frac{\rho_s + \rho_w e}{1+e}g \quad （\frac{m_w}{V_w} = \rho_w）$$

〔演習問題2-2〕

2.2.13式を誘導せよ。

〈解答〉

$$e = \frac{V_v}{V_s} = \frac{V - V_s}{V_s} = \frac{V}{V_s} - 1 , \quad ここで2.2.6式より V_s = \frac{m_s}{\rho_s}$$

$$2.2.8式より V = \frac{m_s}{\rho_d} , \quad e = \frac{\dfrac{m_s}{\rho_d}}{\dfrac{m_s}{\rho_s}} - 1 = \frac{\rho_s}{\rho_d} - 1 が成り立つ。$$

〔演習問題2-3〕

2.2.14式を誘導せよ。

〈解答〉

$$S_r = \frac{V_w}{V_v} , \quad ここで V_w = \frac{m_w}{\rho_w} , \quad 2.2.3式より V_v = eV_s$$

$$S_r = \frac{\dfrac{m_w}{\rho_w}}{eV_s} , \quad 2.2.6式より V_s = \frac{m_s}{\rho_s} , \quad S_r = \frac{\dfrac{m_w}{\rho_w}}{e\dfrac{m_s}{\rho_s}} = \frac{\rho_s}{\rho_w} \cdot \frac{m_w}{m_s} \cdot \frac{1}{e}$$

40

ここで，2.2.3式より $w = \dfrac{m_w}{m_s}$ であるから，$S_r = \dfrac{w \rho_s}{e \rho_w}$

〔演習問題2-4〕

土試料から直径5cm，高さ10cmの円柱形の供試体を作成した。その質量は353.4gであった。そして，110℃の乾燥炉に24時間乾燥した後，測定したら質量は300.0gとなった。この土の含水比 w，間隙比 e および飽和度 S_r を求めよ。ただし，土粒子密度 ρ_s は2.65g/cm³である。

〈解答〉

ⅰ）w を求める。

供試体に含まれる水の量は m_w＝353.4-300.0＝53.4（g）

2.2.1式に従い，$w = \dfrac{53.4}{300.0} \times 100 = 17.8\,\%$

ⅱ）e を求める。

供試体の体積 $V = \dfrac{\pi}{4} \times 5^2 \times 10 = 196.3\,(\mathrm{cm^3})$，$\rho_d = \dfrac{300.0}{196.3} = 1.528\,(\mathrm{g/cm^3})$，

2.2.13式より $e = \dfrac{\rho_s}{\rho_d} - 1 = \dfrac{2.65}{1.528} - 1 = 0.734$

ⅲ）S_r を求める。

2.2.14式より $S_r = \dfrac{w \rho_s}{e \rho_w} = \dfrac{0.178 \times 2.65}{0.734 \times 1.00} \times 100 = 64.3\,\%$

〔演習問題2-5〕

相対密度（D_r）を乾燥密度（ρ_d）で求める2.3.2式を誘導せよ。

〈解答〉

2.2.13式より $e = \dfrac{\rho_s}{\rho_d} - 1$ が成り立つ。e_{max} の状態は $\rho_{d\,min}$ の状態，e_{min} は

$\rho_{d\,max}$ の状態に対応していることは明らかである。したがって，$e_{max} = \dfrac{\rho_s}{\rho_{d\,min}} - 1$

41

第2章　土の基本的な性質

$e_{min} = \dfrac{\rho_s}{\rho_{d\,max}} - 1$ が成り立つ。この2式を2.3.1式に代入すると2.3.2式を得る。

〔演習問題2-6〕

ある土試料の物理試験により，湿潤密度 ρ_t =1.900g/cm³，土粒子密度 ρ_s =2.68 g/cm³，含水比 w =25.0%であった。この試験結果に基づき，次の値を算出せよ。ただし，ρ_w =1.00g/cm³とする。

(1)　間隙比 e，間隙率 n，飽和度 S_r，乾燥密度 ρ_d

(2)　飽和単位体積重量 γ_{sat} と水中単位体積重量 γ'

ただし，土を飽和させたときに間隙比 e は変わらないものとする。

〈解答〉

2.2.7式より $\rho_t = \dfrac{m}{V} = \dfrac{m_w + m_s}{V}$ ，　2.2.1式より　$w = \dfrac{m_w}{m_s}$

よって，$\rho_t = (1+w)\dfrac{m_s}{V} = (1+w)\,\rho_d$

$\rho_d = \dfrac{\rho_t}{1+w} = \dfrac{1.900}{1+0.25} = 1.520\ \ (\text{g/cm}^3)$

2.2.13式より，$e = \dfrac{\rho_s}{\rho_d} - 1 = \dfrac{2.68}{1.520} - 1 = 0.76$

2.2.5式より，$n = \dfrac{e}{1+e} \times 100 = \dfrac{0.76}{1+0.76} \times 100 = 43\%$

2.2.14式より，$S_r = \dfrac{w\rho_s}{e\rho_w} = \dfrac{0.25 \times 2.68}{0.76 \times 1.00} = 0.88 = 88\%$

S_r =88%だから、この土は飽和していない。

この土を飽和させるのに新たに加える水の量を Δm_w とし、その時の含水比 $\overline{w}$ は

$S_r = \dfrac{\overline{w}\rho_s}{e\rho_w} = 1.0$ から求められる。

$1.0 = \dfrac{\overline{w} \times 2.68}{0.76 \times 1.00}$ より，$\overline{w} = 0.284 = 28.4\%$ となる。

飽和密度 $\rho_{sat} = \dfrac{m_s + m_w + \Delta m_w}{V}$, $\dfrac{m_w + \Delta m_w}{m_s} = 0.284$ だから

$\rho_{sat} = 1.284 \times \dfrac{m_s}{V} = 1.284 \times 1.520 = 1.952$ （g/cm³）

2.2.12式より，$\gamma' = \gamma_{sat} - \gamma_w = 1.952 \times 9.81 - 1.00 \times 9.81 = 9.34$ （kN/m³）

〔演習問題2-7〕

質量 $3t$ で含水比が40％のマサ土と質量 $2t$ 含水比15％の山砂を均一に混ぜて埋め戻し土を調整したとき，下記の問いに答えよ。

(1) マサ土の乾燥質量と水の質量を求めよ。

(2) 山砂の乾燥質量と水の質量を求めよ。

(3) 混合土の含水比を求めよ。

〈解答〉

(1) マサ土について

$m_w + m_s = 3000$kg, $m_w/m_s = 0.4$, $1.4m_s = 3000$　$m_s = 2142.9$kg,
$m_w = 3000 - 2142.9 = 857.1$kg

(2) 山砂について

$m_w + m_s = 2000$kg, $m_w/m_s = 0.15$, $1.15m_s = 2000$　$m_s = 1739.1$kg,
$m_w = 2000 - 1739.1 = 260.9$kg

(3) 混合土について

$\{m_w（マサ土）+ m_w（山砂）\} / \{m_s（マサ土）+ m_s（山砂）\} \times 100$（％）
$\{857.1 + 260.9\} / \{2142.9 + 1739.1\} = 1118/3882 \times 100 = 28.8$％

第3章

地盤内応力

3.1

有効応力と間隙水圧

　水で飽和した地盤に外力（全応力）が作用すると，その応力は地盤を構成している土粒子同士の接点を介して伝達されていく部分（粒子間応力）と間隙を満たしている水によって伝わっていく部分（間隙水圧）とに分かれる。粒子間応力は土の強度や変形特性に直接影響するもので有効応力と呼ばれる。これに対して，間隙水が伝える応力は直接には土の強度や変形特性には影響せず，中立応力と呼ばれる。図3.1.1はその様子を表している。地盤中の面積Aを持つ断面に外力（全応力）が作用した場合を考えてみよう。この断面を通る粒子はn個あって，それぞれの粒子の接点において，P_1, P_2, P_nの粒子間力が伝達されている。一方，個々の粒子の接触面積をa_1, a_2, a_3, a_nとし，その合計がaとすると，間隙水の占める面積は$(A-a)$となり，間隙水圧をuとすると間隙水の受け持つ力は$(A-a) \times u$となる。断面Aにおける力の釣り合いは3.1.1式のようになる。

$$\sigma \cdot A = P_s + (A-a)u \qquad 3.1.1$$

ここで，$P_s = P_1 + P_2 + \cdots P_n$, $a = a_1 + a_2 + \cdots a_n$

　3.1.1式の両辺を断面積Aで割ると，3.1.2式が得られる。そして，粒子間応力の合計P_sを断面の全面積Aで除したのが面積Aにおける有効応力σ'である。

$$\sigma = \frac{P_s}{A} + \frac{(A-a)u}{A} = \sigma' + \left(1 - \frac{a}{A}\right)u \qquad 3.1.2$$

　ところで，粒子間接触の面積aは全面積Aに比べて，非常に小さいので，$a/A \fallingdotseq 0$となり3.1.2式は3.1.3式になる。

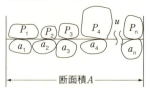

図 3.1.1　有効応力と間隙水圧の説明

$$\sigma = \sigma' + u \qquad\qquad 3.1.3$$

これが有効応力の式である。全応力は有効応力と間隙水圧の和である。土の強度・変形に影響を及ぼすのは有効応力であると先に述べた。しかし，今見てきたようにほとんど点で接触しているこの粒子間応力を直接に求めることはきわめて困難である。そのため，通常は全応力と間隙水圧を求めて，その差として有効応力を求めるのである。3.1.3式は有効応力の原理として知られ，テルツアギーが提案した考えであり，土質力学の体系の中でも最も重要な基本原理である[9]。

3.2

地盤の自重による応力

有効応力の原理を用いて，典型的な場合の土の自重による地盤内の有効応力を求めてみよう。図3.2.1（a）は海面下の地盤中における有効応力を求める場合である（川底や湖底の地盤も同じである）。海水の深さH_1，海底面からの深さH_2の点Aにおける全応力は，水の単位体積重量をγ_w，飽和地盤の単位体積重量をγ_{sat}とすると，全応力σは3.2.1式で表される。間隙水圧uは3.2.2式で表される。したがって，有効応力σ'は3.2.3式で表される。

$$\sigma = \gamma_w \times H_1 + \gamma_{sat} \times H_2 \qquad\qquad 3.2.1$$

$$u = \gamma_w \times (H_1 + H_2) \qquad\qquad 3.2.2$$

$$\sigma' = \sigma - u = (\gamma_w \times H_1 + \gamma_{sat} \times H_2) - \gamma_w \times (H_1 + H_2)$$
$$= (\gamma_{sat} - \gamma_w) \times H_2 = \gamma' H_2 \qquad\qquad 3.2.3$$

3.2.3式からわかるように，海底面下の地盤の有効応力は海水の深さ（H_1）には無関係である。γ'は地盤の水中単位体積重量であることはすでに第2章で説明した（式2.2.12参照）

次に，地下水位が地表面からH_1の深さにある場合について考えてみよう。地表から地下水位までの地盤の単位体積重量をγ_tとし，地下水位から深さH_2までの飽和地盤の単位体積重量をγ_{sat}とすると，全応力は3.2.4式で表される。

47

第3章 地盤内応力

間隙水圧は3.2.5式となる。したがって，有効応力は3.2.6式のようになる。この場合は，地下水位の位置（H_1）によって，A点の有効応力は異なる。

$$\sigma = \gamma_t \times H_1 + \gamma_{sat} \times H_2 \qquad 3.2.4$$

$$u = \gamma_w \times H_2 \qquad 3.2.5$$

$$\begin{aligned}\sigma' = \sigma - u &= (\gamma_t \times H_1 + \gamma_{sat} \times H_2) - \gamma_w \times H_2 \\ &= \gamma_t \times H_1 + (\gamma_{sat} - \gamma_w) \times H_2 \qquad 3.2.6 \\ &= \gamma_t \times H_1 + \gamma' \times H_2\end{aligned}$$

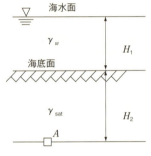

(a) 地表面が水面下にある場合　　(b) 地下水位が地表面以下にある場合

図 3.2.1　地盤内の有効応力と間隙水圧

モールの応力円

　地盤中にある土要素の応力状態を表すのにモールの応力円が便利である。地盤上にある建物荷重によって発生する地中の応力は一般には三次元的である。しかし，図3.3.1に示すように，建物基礎が紙面直角方向にかなり長い場合は紙面に直角方向で変位がほとんど生じない2次元問題として考えることができる。このような条件の下での土要素の鉛直面と水平面に働いている応力は座標軸を図3.3.2（a）のように設定して，図3.3.2（b）のように表す。この要素の水平面から反時計方向に α だけ回転した面上に働く垂直応力および面

に平行方向に働くせん断応力（σ_a, τ_a）は単位幅あたりの三角柱に働く力の釣り合いから，以下のように求めることができる．

σ_a方向の釣り合いの式から3.3.1式が成り立つ．

$$\sigma_a \overline{AC} = \sigma_x \overline{BC}\sin\alpha + \sigma_z \overline{AB}\cos\alpha + \tau_{xz}\overline{BC}\cos\alpha + \tau_{zx}\overline{AB}\sin\alpha \qquad 3.3.1$$

ここで，$\overline{BC}/\overline{AC} = \sin\alpha$，$\overline{AB}/\overline{AC} = \cos\alpha$ であるから3.3.1式は3.3.2式になる．

$$\sigma_a = \sigma_x \sin^2\alpha + \sigma_z \cos^2\alpha + \tau_{xz}\sin\alpha\cos\alpha + \tau_{zx}\sin\alpha\cos\alpha \qquad 3.3.2$$

ここで，$\tau_{zx} = \tau_{xz}$ であるから

$$\sigma_a = \sigma_x \sin^2\alpha + \sigma_z \cos^2\alpha + 2\tau_{xz}\sin\alpha\cos\alpha \qquad 3.3.3$$

同様に，τ_a方向の釣り合いの式から3.3.4式が成り立つ．

$$\tau_a \overline{AC} = -\sigma_x \overline{BC}\cos\alpha + \sigma_z \overline{AB}\sin\alpha + \tau_{xz}\overline{BC}\sin\alpha - \tau_{zx}\overline{AB}\cos\alpha \qquad 3.3.4$$

$$\tau_a = -\sigma_x \sin\alpha\cos\alpha + \sigma_z \sin\alpha\cos\alpha + \tau_{xz}\sin^2\alpha - \tau_{zx}\cos^2\alpha$$

ここで，$\tau_{zx} = \tau_{xz}$ であるから

$$\tau_a = (\sigma_z - \sigma_x)\sin\alpha\cos\alpha + \tau_{xz}(\sin^2\alpha - \cos^2\alpha) \qquad 3.3.5$$

三角関数の2倍角の公式を用いれば，3.3.3式と3.3.5式はそれぞれ3.3.6式と3.3.7式に変換される．

$$\sigma_a = \frac{\sigma_z + \sigma_x}{2} + \frac{\sigma_z - \sigma_x}{2}\cos 2\alpha + \tau_{zx}\sin 2\alpha \qquad 3.3.6$$

$$\tau_a = \frac{\sigma_z - \sigma_x}{2}\sin 2\alpha - \tau_{zx}\cos 2\alpha \qquad 3.3.7$$

今，土要素のAB面とBC面がそれぞれ水平面と鉛直面だとすると，それらはせん断応力の働いていない主応力面であり（せん断応力が働いていない面

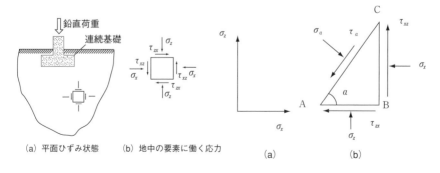

(a) 平面ひずみ状態　　(b) 地中の要素に働く応力　　　　(a)　　　　(b)

図 3.3.1　任意方向の応力　　　　図 3.3.2　2次元状態での土要素の応力成分

第3章　地盤内応力

を主応力面と呼ぶ），$\tau_{xz} = \tau_{zx} = 0$ となり，3.3.6式と3.3.7式は3.3.8式と3.3.9式となる。

$$\sigma_a = \frac{\sigma_z + \sigma_x}{2} + \frac{\sigma_z - \sigma_x}{2}\cos2\alpha \qquad\qquad 3.3.8$$

$$\tau_a = \frac{\sigma_z - \sigma_x}{2}\sin2\alpha \qquad\qquad 3.3.9$$

ところで，σ_a は傾斜角 α の関数である，$\cos2\alpha = 1$（$\alpha = 0°$）のときに最大値を持つ。つまり，水平面に働く主応力が最大値である。そのとき，$\sin2\alpha = 0$ となり，$\sigma_a = \sigma_z = \sigma_1$ となって，σ_1 を最大主応力という。同様に，$\cos2\alpha = -1$（$\alpha = 90°$）のときに σ_a は最小値を持つ。つまり，鉛直面に働く主応力が最小値である。そのとき，$\sin2\alpha = 0$ となり，$\sigma_a = \sigma_x = \sigma_3$ となり，σ_3 を最小主応力という。これらの条件を3.3.8式及び3.3.9式に代入すると，3.3.10式と3.3.11式が得られる。

$$\sigma_a = \frac{\sigma_1 + \sigma_3}{2} + \frac{\sigma_1 - \sigma_3}{2}\cos2\alpha \qquad\qquad 3.3.10$$

$$\tau_a = \frac{\sigma_1 - \sigma_3}{2}\sin2\alpha \qquad\qquad 3.3.11$$

ここで，3.3.10式の右辺第1項を左辺に移項して両辺をそれぞれ2乗し，3.3.11式も両辺を2乗して，両式を加えると3.3.12式を得る。3.3.12式は図3.3.3のように，縦軸を τ，横軸を σ とし，σ 軸上に（$\sigma_1 + \sigma_3$）/2の点を中心に，半径が（$\sigma_1 - \sigma_3$）/2の円を表している。この円の上に，σ 軸から反時計回りに 2α の角度をもつ円周上の点Aの座標（τ，σ）はそれぞれ3.3.10式及び3.3.11式で表される。つまり，点Aは図3.3.2のように，σ_1 と σ_3 の主応力が働くときに，水平面と α の角をなす面に働く垂直応力とせん断応力を示していることになる。この円をモールの応力円という。

$$\left(\sigma_a - \frac{\sigma_1 + \sigma_3}{2}\right)^2 + \tau_a^{\,2} = \left(\frac{\sigma_1 - \sigma_3}{2}\right)^2 \qquad\qquad 3.3.12$$

3.4 外的荷重による地盤内応力

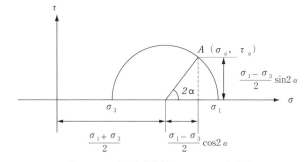

図 3.3.3　2次元応力状態でのモールの応力円

3.4

外的荷重による地盤内応力

　地盤が建物を支持できるかどうかの検討をするためには，まず建物によって地盤の中に生じる応力の大きさを知る必要がある。地盤の自重による地盤中の応力はすでに3.2節で説明した。ここでは，外的荷重による地盤中の応力について説明する。地盤は厳密には弾性体ではないことはすでに述べた。しかし，建物の荷重によって地盤中に生じる応力が地盤のせん断強度に比べてずっと小さい場合は便宜上地盤を弾性体として，弾性体の力学で知られている理論を用いて，地盤中に生じる応力を求めることが行われてきた。ここではBoussinesqの解（ブーシネスク，1885）として知られている考えにより，外的荷重による地盤中の応力を求めることにする[12]。

3.4.1　集中荷重による地中応力

　地表面を境界として，下方に無限に続く地盤を均質で半無限弾性体と仮定し，地表面の任意の1点に鉛直方向に集中荷重Pが作用した場合，図3.4.1のような軸対称な座標軸を設定すると，地盤中の応力増分は3.4.1式～3.4.5式で表される。式中のνは地盤のポアソン比である（第6章　式6.5.2参照）。これらの式の中では実用上最も重要なのは鉛直方向の応力増分$\Delta \sigma_z$である。図3.4.1に

51

示すように、$R=\sqrt{z^2+r^2}$ であるから、3.4.1式は3.4.6式に書き換えられる。
ここで、I_pを3.4.7式と置くと、3.4.6式は3.4.8式となる。このI_pは影響係数

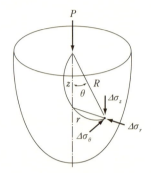

図 3.4.1　半無限弾性体上の集中荷重による地中応力

$$\Delta \sigma_z = \frac{3Pz^3}{2\pi R^5} \qquad 3.4.1$$

$$\Delta \sigma_r = \frac{P}{2\pi R^2}\left(\frac{3r^2 z}{R^3} - \frac{(1-2\nu)R}{R+z}\right) \qquad 3.4.2$$

$$\Delta \sigma_\theta = \frac{(1-2\nu)P}{2\pi R^2}\left(\frac{R}{R+z} - \frac{z}{R}\right) \qquad 3.4.3$$

$$\Delta \tau_{rz} = \frac{3P}{2\pi} \cdot \frac{z^2 \cdot r}{(r^2+z^2)^{\frac{5}{2}}} \qquad 3.4.4$$

$$\Delta \tau_{z\theta} = \Delta \tau_{r\theta} = 0 \qquad 3.4.5$$

$$\Delta \sigma_z = \frac{3Pz^3}{2\pi R^5} = \frac{3Pz^3}{2\pi\left(\sqrt{r^2+z^2}\right)^5} = \frac{3Pz^3}{2\pi\left(z\sqrt{\frac{r^2}{z^2}+1}\right)^5} \qquad 3.4.6$$

$$I_P = \frac{3}{2\pi} \cdot \frac{1}{\left(1+\frac{r^2}{z^2}\right)^{\frac{5}{2}}} \qquad 3.4.7$$

$$\Delta \sigma_z = \frac{P}{z^2} I_P \qquad 3.4.8$$

3.4 外的荷重による地盤内応力

またはブーシネスク指数と呼ばれる。載荷点直下の深さ z の点における鉛直応力増分 $\Delta\sigma_z$ は 3.4.6 式において $r=0$ とおけば、3.4.9 式で与えられる。

$$\Delta\sigma_z = \frac{3P}{2\pi z^2} \qquad 3.4.9$$

3.4.2 地表面の平面形分布荷重による地中応力

建物による荷重はある平面形に一様な荷重（これを等分布荷重という）がかかる場合が多い。以下、代表的な平面形状の場合の等分布荷重による地中応力増分について示す。

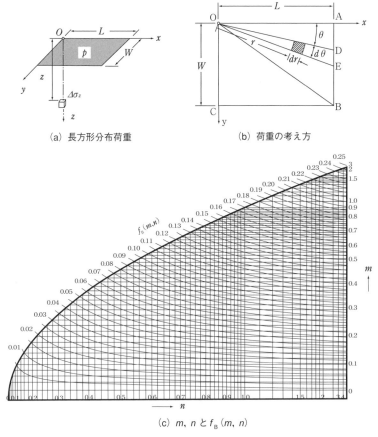

(a) 長方形分布荷重　　(b) 荷重の考え方

(c) m, n と $f_B(m, n)$

図3.4.2　長方形分布荷重による地中鉛直応力増分

(1) 長方形荷重

図3.4.2 (a) に示すように，長さがL，幅がWの長方形に等分布荷重pが作用したとき，図3.4.2 (b) の斜線を引いた微小面積に働く荷重は$p(r \cdot d\theta) dr$となる。長方形の全面積について積分すれば，長方形の角Oの下zの深さにおける鉛直応力増加$\Delta \sigma_z$はSteinbrenner（スタインブレーナー，1936)[13]およびNewmark（ニューマーク，1935)[14]により求められ，3.4.10式で与えられる。

$$\Delta \sigma_z = \frac{3(p(r \cdot d\theta) dr) z^3}{2\pi (r^2+z^2)^{\frac{5}{2}}} = \frac{3pz^3}{2\pi} \int_0^{\arctan(\frac{W}{L})} \int_0^{L/\cos\theta} \frac{r}{(r^2+z^2)^{\frac{5}{2}}} dr d\theta$$
3.4.10

ここで，便宜上，平面形の長さLと幅Wを深さzで除した値をそれぞれ$L/z=n$および$W/z=m$とおくと，$\Delta \sigma_z$は図3.4.2 (c) から$f_B(m, n)$を読み取って，3.4.11式より簡単に求めることができる（m軸とn軸は互換性があることに注意）。なお，式3.4.11における三角関数の角度はラジアン〔rad〕単位である（半径r，中心角θの円弧の長さを1とすると，$\theta = 1/r$をラジアン〔rad〕単位という。ラジアン単位は無次元である）。

$$\Delta \sigma_z = \frac{p}{2\pi} \left\{ \frac{mn}{\sqrt{(m^2+n^2+1)}} \cdot \frac{m^2+n^2+2}{(m^2+1)(n^2+1)} + \sin^{-1} \frac{mn}{\sqrt{(m^2+1)(n^2+1)}} \right\}$$

$$= p \cdot f_B(m, n)$$
3.4.11

(2) 帯面上の等分布荷重

図3.4.3のように，地表面にある幅一定で1方向に無限に続く帯面上に，等

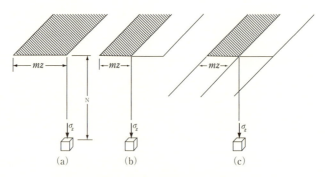

図 3.4.3　帯面上の等分布荷重による地中応力

3.4 外的荷重による地盤内応力

分布荷重が働いているとき，その端辺の一隅下で任意の深さzの点の地中応力$\Delta \sigma_z$を求めるには，3.4.11式で$n=\infty$と置けば3.4.12式が求まる。

$$\Delta \sigma_z = p \cdot f_B(m) = \frac{p}{2\pi} \left(\frac{m}{m^2+1} + \sin^{-1} \frac{m}{\sqrt{m^2+1}} \right) \quad 3.4.12$$

図3.4.3（b）のように半無限帯荷重の端辺の中心下zの深さの地中応力は端辺長の1/2をmzとおいて，$f_B(m)$の値を2倍にすればよい。同図（c）のように両側に無限に連続する帯状荷重の中心線下zの深さにおける地中応力を求めるには，帯幅の1/2をmzとして，$f_B(m)$の値を4倍にすればよい。

(3) 円形面上の等分布荷重

地表面上にある半径がrの円形上に，等分布荷重pが作用しているとき，その中心点下の任意の深さzにおける地中応力$\Delta \sigma_z$は次のように求められる。図3.4.4で，斜線を施した微小部分に働く荷重$p(ld\theta)dl$によって，中心点下で深さzの点に生じる地中応力$\Delta \sigma_z$は，3.4.1式により，3.4.13式となって，全面積について積分すれば，3.4.14式が得られる。

$$\Delta \sigma_z = \frac{3p(ld\theta)dl}{2\pi} \cdot \frac{z^3}{(l^2+z^2)^{\frac{5}{2}}} \quad 3.4.13$$

$$\Delta \sigma_z = \frac{3pz^3}{2\pi} \int_0^{2\pi} \int_0^r \frac{ld\theta dl}{(l^2+z^2)^{\frac{5}{2}}} = p \left(1 - \frac{1}{\left(1+\frac{r^2}{z^2}\right)^{\frac{3}{2}}} \right) \quad 3.4.14$$

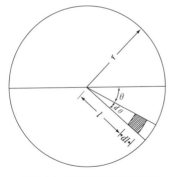

図 3.4.4　円形面上の等分布荷重

3.4.10式から3.4.14式に示されているように，地表面の等分布荷重による地中応力増分は等分布荷重の載荷面積に比例する。このことは，実際の建物において，同じ接地圧を持つ建物でも，地中応力の増分は建物面積に比例するということである。つまり，建物規模が大きくなると地中応力増分が大きくなり，地盤の沈下

量が大きくなることである。

(4) 圧力球根

上載荷重によって地盤中に生じる応力の影響について検討する場合，地盤中に生じた同じ大きさの応力を持つ点をつなげて等応力線を作ってみるのがわかりやすい。図3.4.5にみるように，等応力線が作る形はタマネギの断面のような形をしており，圧力球根（Pressure bulb）と呼ばれている。図3.4.5は，一辺Bの正方形載荷面に等分布荷重pが作用した場合の圧力球根を示している。図に示すように，同じ分布荷重pでも，載荷面積が小さいと同じ応力レベルの範囲が小さくなる。図1.6.5に示す平板載荷試験において，載荷板径の大きさによる影響を指摘したが，その根拠はここに示す図3.4.5である。そして，図3.4.5のような地盤の場合，基礎が大きくなれば，軟弱粘土層の影響が出てくることが考えられる。

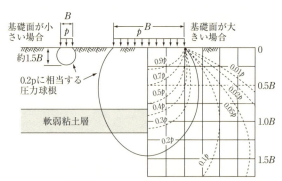

図 3.4.5　正方形載荷面に等分布荷重が作用した場合の圧力球根[15]

〔演習問題3-1〕

図のような地盤が，周囲地盤の地下水のくみ上げにより，地下水位が2m低下した。このとき，地表から8mにある点Aの鉛直有効応力σ_v'はどの程度変化したか。ただし，地下水位が低下した地層の単位体積重量は$\gamma_t = 18.6\mathrm{kN/m^3}$として，水位低下以前と同じとする。

〈解答〉

地下水位低下前の σ_v'
 $16.7 \times 2 + (18.6 - 9.8) \times 4 + (19.6 - 9.8) \times 2 = 88.2$ (kN/m²)

地下水位低下後の σ_v'
 $16.7 \times 2 + 18.6 \times 2 + (18.6 - 9.8) \times 2 + (19.6 - 9.8) \times 2 = 107.8$ (kN/m²)
 $\Delta \sigma_v' = 107.8 - 88.2 = 19.6$ (kN/m²)

地下水位が2m低下したことにより、A点の鉛直有効は19.6kN/m²増加した。

[演習問題3-2]

図に示す一辺3mの正方形の4つの頂点A, B, C, Dにそれぞれ100kN, 200kN, 300kNおよび400kNの集中荷重が作用している。A点直下深さ3mの点における鉛直方向の増加応力$\Delta \sigma_z$を求めよ。

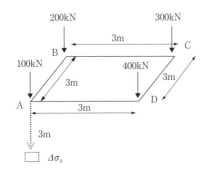

〈解答〉

　地盤は弾性体と仮定しているので、$\Delta \sigma_z$はそれぞれの集中荷重による鉛直応力増分$\Delta \sigma_{zA}, \Delta \sigma_{zB}, \Delta \sigma_{zC}$および$\Delta \sigma_{zD}$を求めて、それらの和である。つまり、

$$\Delta \sigma_z = \Delta \sigma_{zA} + \Delta \sigma_{zB} + \Delta \sigma_{zC} + \Delta \sigma_{zD}$$

$\Delta \sigma_z = \dfrac{3Pz^3}{2\pi(r^2+3^2)^{\frac{5}{2}}}$ を用いて求める。

$\Delta \sigma_{zA} = \dfrac{3 \times 100 \times 3^3}{2\pi(0^2+3^2)^{\frac{5}{2}}} = \dfrac{100 \times 3^4}{2\pi \times 3^5} = \dfrac{100}{6\pi} = 5.31$ (kN/m²)

$\Delta \sigma_{zB} = \dfrac{3 \times 200 \times 3^3}{2\pi(3^2+3^2)^{\frac{5}{2}}} = \dfrac{200 \times 3^4}{8\sqrt{2}\,\pi \times 3^5} = 1.88$ (kN/m²)

$\Delta \sigma_{zC} = \dfrac{3 \times 300 \times 3^3}{2\pi\left(\left(3\sqrt{2}\right)^2+3^2\right)^{\frac{5}{2}}} = \dfrac{300 \times 3^4}{2\pi \times 3^{\frac{15}{2}}} = \dfrac{100}{18\sqrt{3}\,\pi} = 1.02$ (kN/m²)

第3章　地盤内応力

$$\Delta \sigma_{zD} = \frac{3 \times 400 \times 3^3}{2\pi \left(3^2 + 3^2\right)^{\frac{5}{2}}} = \frac{400 \times 3^4}{8\sqrt{2}\,\pi \times 3^5} = 3.75\,(\mathrm{kN/m^2})$$

$$\therefore\ \Delta \sigma_z = 5.31 + 1.88 + 1.02 + 3.75 = 11.96\,(\mathrm{kN/m^2})$$

〔演習問題3-3〕

　半径15cmおよび150cmの円形載荷面上に同じ等分荷重 q が載荷されている場合，2つの円形載荷面のそれぞれの中心軸直下A点（深さ100cm）の増加応力を比較せよ。

〈解答〉

　つまり，同じ大きさの等分荷重でも，載荷面積が100倍大きくなると，同じ深さ100cmでの増加応力は25.3倍になっている。このような載荷板の寸法効果があるので，1.6.2節で説明した平板載荷試験結果の解釈には十分注意する必要がある。

$$\Delta \sigma_z = q \left\{ 1 - \frac{1}{\left(1 + \dfrac{r^2}{z^2}\right)^{\frac{3}{2}}} \right\} \qquad \frac{\Delta \sigma_{z(150)}}{\Delta \sigma_{z(15)}} = \frac{1 - \dfrac{1}{\left(1 + \dfrac{150^2}{100^2}\right)^{\frac{3}{2}}}}{1 - \dfrac{1}{\left(1 + \dfrac{15^2}{100^2}\right)^{\frac{3}{2}}}} = 25.3$$

〔演習問題3-4〕

　図の載荷面に等分布荷重 $q = 200\,\mathrm{kN/m^2}$ が作用している。E点及びC点直下20mに作用する鉛直方向増加応力 $\Delta \sigma_z$ を求めよ。

〈解答〉

　E点直下の場合の鉛直方向増加応力を $\Delta \sigma_z(\mathrm{E})$ とすると，

　　　$\Delta \sigma_z(\mathrm{E}) = \Delta \sigma_z(\text{四角形 AFEI}) + \Delta \sigma_z(\text{四角形 IEHB}) - \Delta \sigma_z(\text{四角形 DEHC})$

　　　$\Delta \sigma_z(\text{四角形 AFEI})$ について

58

$n=25/20=1.25$, $m=20/20=1.0$, $f(m, n)=0.1875$,

$\Delta\sigma_z$(四角形AFEI) $= 200 \times 0.1875 = 37.5\text{kN/m}^2$

$\Delta\sigma_z$(四角形IEHB) について

$n = 15/20 = 0.75$, $m = 20/20 = 1.0$, $f(m, n) = 0.155$,

$\Delta\sigma_z$(四角形IEHB) $= 200 \times 0.155 = 31.0\text{kN/m}^2$

$\Delta\sigma_z$(四角形DEHC) について

$n = 10/20 = 0.5$, $m = 15/20 = 0.75$, $f(m, n) = 0.115$,

$\Delta\sigma_z$(四角形DEHC) $= 200 \times 0.115 = 23.0\text{kN/m}^2$

$\Delta\sigma_z = 37.5 + 31.0 - 23.0 = 45.5\text{kN/m}^2$

C点直下の場合の鉛直方向増加応力を $\Delta\sigma_z(C)$ とすると，

$\Delta\sigma_z(C) = \Delta\sigma_z$(四角形GABC) $+ \Delta\sigma_z$(四角形FGCH) $- \Delta\sigma_z$(四角形EDCH)

$\Delta\sigma_z$(四角形GABC)について

$n = 40/20 = 2.0$, $m = 10/20 = 0.5$, $f(m, n) = 0.139$,

$\Delta\sigma_z$(四角形GABC) $= 200 \times 0.139 = 27.8\text{kN/m}^2$

$\Delta\sigma_z$(四角形FGCH)について

$n = 40/20 = 2.0$, $m = 10/20 = 0.5$, $f(m, n) = 0.139$,

$\Delta\sigma_z$(四角形GABC) $= 200 \times 0.139 = 27.8\text{kN/m}^2$

$\Delta\sigma_z$(四角形EDCH)について

$n = 15/20 = 0.75$, $m = 10/20 = 0.5$, $f(m, n) = 0.115$,

$\Delta\sigma_z$(四角形FGCH) $= 200 \times 0.115 = 23.5\text{kN/m}^2$

$\Delta\sigma_z(C) = 27.8 + 27.8 - 23.5 = 32.1\text{kN/m}^2$

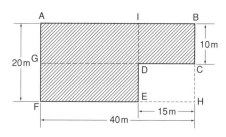

第3章　地盤内応力

〔演習問題3-5〕

土の2次元要素に，図に示すように，垂直応力，せん断応力が作用している。要素内に作用する最大主応力，最小主応力，最大せん断応力を求めよ。

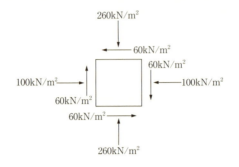

〈解答〉

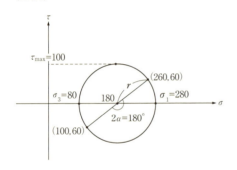

3.3.12式より，要素内のある面に作用する応力（σ, τ）は，モールの応力円の円周上の点で表される。また，同式より，モールの応力円の中心の座標は（($\sigma_1 + \sigma_3$)/2, 0）となる（図3.3.3参照）。一方，要素内での角度αは，モールの応力円では2αの角度で表されることから，図の直交する平面（$\alpha = 90°$）に作用する応力は，モールの応力円において直線，すなわち，中心を通る直径で表される（2$\alpha = 180°$）。したがって，モールの応力円の中心座標は直径と円周が交わる2点の中心であり，(180, 0)となる。

モールの応力円の中心座標が明らかになったので，3.3.12式に水平面もしくは，鉛直面に作用する応力（σ, τ）を代入する。なお，式は円を表していることから，右辺はモールの応力円の半径（r）の二乗である。

$$(260 - 180)^2 + 60^2 = r^2$$

以上より，円の半径rは100となり，上に示すモールの応力円が描ける。モールの応力円より，最大主応力σ_1は280kN/m²，最小主応力σ_3は80kN/m²，最大せん断応力は100kN/m²となる。

第4章

透　水

第4章 透水

地盤中の水としては，図2.4.1に示した自由水，吸着水のほかに粒子の周りの不飽和領域における表面張力による毛管水がある。毛管水は寒冷地での凍上現象との関連が深い。詳細は専門書を参考されたい。本章は飽和地盤中の自由水の流れについて述べる。自由水である地下水は地盤の掘削や井戸による水のくみ上げなどにより移動することがある。地下水の移動によって，地盤の応力状態が変化し，それによって地盤に変状が生じたり，あるいは水の流れが土粒子の骨格構造に外力として作用して，地盤の崩壊をもたらしたりする場合がある。地盤中の水の流れ易さ（透水性）は地盤の種類によって大きく異なる。

4.1

ダルシーの法則

先に，地下水は地盤の掘削や井戸による水のくみ上げなどにより移動することがあると述べた。それは，掘削した場所の水位と周辺地盤のもとの水位の間に差が生じたからである。水は重力に従い，水位の高いところから低いところへと自然に流れる。ところで，地盤の中を流れる水は厳密にはパイプの中を流れる水とは異なる。地盤の中では，水が流れる水路（流路）は土粒子が構成する骨格の隙間がイレギュラーな形でつながってできている。しかし，多くの研究により，地盤中の水もほぼ層流とみなせる状況で流れていれば，パイプの中の水と同様，一定の法則に従うことが知られている。つまり，地盤中を流れる水の速度（流速：v）は水が流れる原動力の大きさを示す動水勾配（i）に比例するという考えである。この考えはフランスの上水道技術者であるDarcy（ダルシー）により示され，4.1.1式に示す関係式として提案された。4.1.1式中の比例定数kは透水係数と呼ばれる。この式は彼の業績にちなんでダルシーの法則と呼ばれている。

$$v = k \cdot i \tag{4.1.1}$$

62

4.2 透水係数

4.2

透水係数

　透水係数はそれぞれ土に固有の値である。各種地盤の代表的な透水係数の範囲の値を示したのが表4.2.1である。表4.2.1からわかるように，土の種類によってその値は文字通りけた違いで変わる。粘性土地盤の透水係数は砂地盤の約100万分の1しかない。そのため，地盤工学では，粘土地盤は砂地盤に比べて，事実上不透水性である（つまり，水を透さない）とみなされている。そして，このことは，粘土地盤と砂地盤の強度特性や変形特性に大きな影響を及ぼすことになる。それらについては第6章で詳しく説明する。

表4.2.1　各種地盤の透水性と試験方法の適用性[7]

透水係数 k（cm/s）

	10^{-9}	10^{-8}	10^{-7}	10^{-6}	10^{-5}	10^{-4}	10^{-3}	10^{-2}	10^{-1}	10^{0}	10^{+1}	10^{+2}
透水性	実質上不透水		非常に低い		低い			中位			高い	
対応する土の種類	粘性土		微細砂，シルト 砂－シルト－粘土混合土					砂および礫			清浄な礫	
透水係数を直接測定する方法	特殊な変水位透水試験		変水位透水試験				定水位透水試験			特殊な定水位透水試験		
透水係数を間接的に求める方法	圧密試験結果から計算		なし				清浄な砂と礫は粒度と間隙比から計算					

　ところで，水が流れる原動力である動水勾配とは何か。これは，4.2.1式に示すように，水が流れている2点間の水位の差（h）と2点間の距離（l）の比で表される。したがって，2点間の水位の差が大きければ大きいほど，また，2点間の距離が短ければ短いほど，動水勾配は大きくなり，水を流す原動力は大きいということになる。ここで，2点間の水位差も距離も長さの単位を持つので動水勾配iは無次元の量である。

　　動水勾配　$i = \dfrac{h}{l}$　　　　　　　　　　　　　　　　　　　　4.2.1

63

4.3 透水試験法

地盤の透水係数を求める方法は大きく分けて室内試験法と原位置試験法がある。室内試験法は地盤の透水係数の大きさにより，定水位透水試験法と変水位透水試験法があり，JIS 1218[7]としてその計測方法が示されている。

4.3.1 室内透水試験

(1) 定水位透水試験法

定水位透水試験法は透水係数が10^{-3}cm/sec以上の砂や礫などの透水係数の大きい土に対して行う。図4.3.1に示すように，断面積A，高さLの土試料に対して，一定の水位差hのもとで水を流し，時間tの間における水の流量Qから4.3.1式が成り立つ。4.3.1式をkについて解けば，透水係数を4.3.2式により求めることができる。試験は試料を十分に飽和な状態にすることが重要である。これは，不飽和の場合，水の流れが影響を受けるほか流量Qの測定が不正確になるからである。なお，このように定義される流速vはいわゆる「見かけの流速」であり，土の間隙を通る「真の水の流速」ではないことは理解できよう。真の水の流速は流量Qを断面積Aの中の正味の空隙面積$n \cdot A$で考えるべきである。地盤工学の分野で一般にいう流速は「見かけの流速」である。

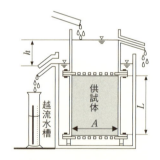

図4.3.1 定水位透水試験法[10]

$$\text{流量} \quad Q = v \cdot A \cdot t = k\frac{h}{L} \cdot A \cdot t \qquad 4.3.1$$

$$\text{透水係数} \quad k = \frac{(Q \times L)}{(A \times h \times t)} \text{ (cm/s)} \qquad 4.3.2$$

(2) 変水位透水試験法

透水係数の小さい細砂やシルトのような土の場合は，透水量が少ないため，図4.3.1に示す方法では測定精度が悪い。それで，図4.3.2に示す装置を用いて，透水係数を求める。この試験法は透水試験中，水位が一定ではないので，変水位透水試験法と呼ばれる。透水係数は以下のように求められる。

図4.3.2に示すように，Δt時間 (t_1-t_2) にスタンドパイプ（断面積：a）の水位がh_1からh_2（差がΔh）に変化したとき，その間に下方に流れた水の量は$-a\cdot\Delta h$である。マイナスがついているのは時間経過により水位が下がっているからである。

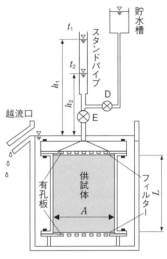

図4.3.2　変水位透水試験法[10]

一方，Δt時間内に供試体を通して流れた水の量Qはダルシーの法則に従えば，4.3.3式が成り立つ。ただし，LとAはそれぞれ試料の高さと断面積である。2つの水の量は等しいはずであるから，4.3.4式が成り立つ。

$$Q=v\cdot A\cdot\Delta t=k\frac{h}{L}\cdot A\cdot\Delta t \qquad 4.3.3$$

$$-a\cdot\Delta h=\frac{kh\cdot A\cdot\Delta t}{L} \qquad 4.3.4$$

上式について，hとtについて変数分離し，時刻t_1からt_2までの期間について積分すると，4.3.5式が得られる。したがって，透水係数は4.3.6式のように求められる。時間の単位を秒，長さの単位をcmとすれば，kはcm/secの単位を持つ。なお，透水係数が相当小さい粘性土の透水係数は圧密試験で求めるのが普通である。その具体的な方法は第5章の圧密のところで説明する。土の種類とその透水係数を求め適切な透水試験法の関係については表4.2.1を参考されたい。

$$-a\int_{h_1}^{h_2}\frac{1}{h}dh=\frac{kA}{L}\int_{t_1}^{t_2}dt \qquad 4.3.5$$

第 4 章　透水

$$k = \frac{aL}{A(t_2 - t_1)} \cdot \ln \frac{h_1}{h_2} = \frac{2.3aL}{A(t_2 - t_1)} \cdot \log \frac{h_1}{h_2} \quad (\text{cm/s}) \qquad 4.3.6$$

4.3.2　原位置透水試験

　地盤が均質（室内試験では試料は要素と考えている）であれば，4.3.1節に示した室内試験により地盤の透水係数を求めることが適切である。このような方法はアースダム，堤防，埋立地盤などの人工地盤への適用性が高い。しかし，自然地盤は異なる性質を持つ地層の互層であることが多い。砂層の間に粘土層を挟むこともよくある。これらの粘土層は事実上不透水層になる（先述のように粘性土の透水係数は砂質土の百万分の1ぐらい）。ある領域での地盤全体としての透水性はわずかな厚さの粘土層に支配されることさえある。また，室内試験用の試料は試料採取時の乱れによる影響も考えられる。このような背景からある領域の実地盤の透水係数を原位置透水試験（揚水試験方法および単孔を利用した試験方法（JGS 1314)[5]）により求めることがある。

（1）自由地下水の場合（重力井戸）

　まず，被圧されていない自由地下水の場合の原位置透水試験について説明する（「被圧」については図4.3.5を参照されたい）。この方法では図4.3.3に示すように，調査対象領域に地下水をくみ上げる揚水井戸と，揚水による周辺地盤の地下水の変動を観測する観測井戸を設置する。いま，揚水井戸から一定量の水 Q（m³/min）をくみ上げていく。半径 r での透水断面積 A は $A = 2\pi rh$ である。厚さ dr の円環の要素に着目すると dr の間の水頭差は dh であり，動水勾配 i は $i = dh/dr$ となる。定常状態になった時，半径 r の円筒面に流入する水量は揚水量 Q と等しいと考えてよい。流量 Q は $Q = \upsilon A = ki \cdot A$ であり，4.3.7式が成り立つ。

$$Q = k \frac{dh}{dr} \cdot 2\pi rh \qquad\qquad 4.3.7$$

　いま，揚水井戸の中心から距離 r_1 および r_2 にある2つの観測井戸での地下水位がそれぞれ，h_1 および h_2 と一定になったとする。4.3.7式において h と r について変数分離し，この2つの観測井戸における境界条件について r を r_1 から r_2，h を h_1 から h_2 について積分すると，4.3.8式が成り立つ。そして，揚水井戸と観測井戸を囲む領域での地盤の平均的透水係数は4.3.9式のように求められる。この

方法を揚水試験方法（JGS 1315）という．

$$\int_{r_1}^{r_2} \frac{Q}{r} dr = \int_{h_1}^{h_2} 2\pi k h dh \qquad 4.3.8$$

$$k = \frac{Q \cdot \ln \frac{r_2}{r_1}}{\pi (h_2^2 - h_1^2)} = \frac{2.3Q \cdot \log \frac{r_2}{r_1}}{\pi (h_2^2 - h_1^2)} \qquad 4.3.9$$

$$k = \frac{0.183Q}{HS} \cdot \log \frac{t}{t'} \qquad 4.3.10$$

また，現場の事情により，揚水井戸しか設置できない場合は，揚水量が一定量Qになるようにして水をくみ上げはじめ，t時間揚水した後，揚水を中止して，井戸内の水位が元の水位HからSのところまで上がってくるのにt'時間かかったとすると，式の誘導は省略するが，揚水井戸周辺地盤の平均的透水係数は4.3.10式により求めることができる（図4.3.4（a）参照）．この方法は単孔を利用した透水試験方法（JGS 1314)のうちの復水法と呼ばれる．4.3.10式において，k，Q，Hは一定であるので，Sと$\log t/t'$は比例関係にあることがわかる．このことから，図4.3.4（b）に示すように，試験結果で得られるSと$\log t/t'$をプロットし，直線の傾きから透水係数が求められる．ここで，揚水試験方法は観測井戸での水位が一定になった状態（定常状態）に基づき，透水係数を求めている．これは室内の定水位透水試験と対応している．一方，復水法透水試験は水位が回復中の任意の状態（非定常状態）に着目して透水係数を求めている．室内の変水位透水試験に相当すると考えてよい．

本節の冒頭で述べたような理由で，原位置透水試験と室内透水試験で得られる透水係数はしばしば大きく異なることがある．対象領域での地盤の不均一性をも考慮した透水係数を求めるという実務での目的から考えれば，測定精度が確保さ

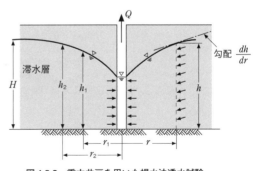

図4.3.3　重力井戸を用いた揚水法透水試験

れていれば，多くの場合は原位置試験で得られる透水係数を重視した方が良い。

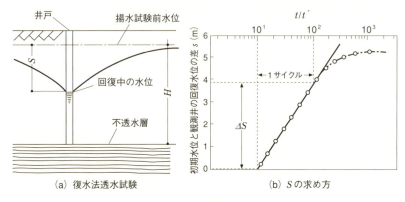

図4.3.4 重力井戸を用いた復水法透水試験

(2) 被圧地下水の場合（掘抜き井戸）

図4.3.5に示すように，滞水層（この場合は砂礫層）の上部が粘土層のような不透水層でおおわれて，この滞水層の水圧が静水圧を越えるような状態になることがある。これは透水層が高い水頭を持つ水源に連なっている場合などに起きるものである。この場合も水が流入する円筒面の高さが滞水層の厚さDとなって，一定である点以外では基本的には自由水の場合と同じ考えで，4.3.11式が成り立つ。

$$Q = k \frac{dh}{dr} 2\pi rD \qquad \text{ここで，Dは滞水層の厚さ。} \qquad 4.3.11$$

4.3.11式をr_1からr_2，h_1からh_2の範囲で積分して求めると，4.3.12式が得られる。

$$k = \frac{Q \cdot \ln \frac{r_2}{r_1}}{2\pi(h_2 - h_1)D} = \frac{2.3Q \cdot \log \frac{r_2}{r_1}}{2\pi(h_2 - h_1)D} \qquad 4.3.12$$

ところで，各観測井戸の揚水井中心からの距離rと測定される地下水位の低下量を図4.3.6に示すように片対数のグラフでプロットすると，両者はほぼ直線関係があることが知られている。それで，実験ではこのグラフから，揚水井中心から1ケタ違う距離（つまり，$r_2 = 10r_1$）にある2点の地下水位低下量$h_2 - h_1 = \Delta S$を求めると，4.3.12式は4.3.13式に書き換えられてkが求められる。

$$k = \frac{2.3Q}{2\pi \Delta S \cdot D} \qquad \text{4.3.13}$$

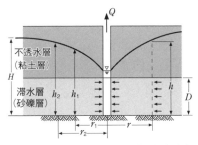

図 4.3.5　被圧地下水がある場合の揚水試験

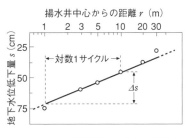

図 4.3.6　定常状態での揚水試験結果

4.4

粒径と透水係数

　地盤の透水係数は原位置試験あるいは検討対象地盤より不攪乱試料を採取して，室内試験により求めるのが望ましい。しかし，室内試験は試料の大きさや品質が原位置での性質を代表できていない場合があり，一方，原位置試験は大掛かりになりやすく，時間と費用がかさむ難点がある。このような背景から，流体力学の原理と過去の透水係数の実測データに基づき，透水係数を簡易に推定する経験式がさまざま提案されている。詳細は省くが，地盤中の水の流れを間隙が連続している細管中を流れる水と仮定して水理学的に導かれる理論式では透水係数は土粒子の粒径の2乗に比例する。砂についての実験に基づき Hazen（ヘーゼン）が提案した経験式（4.4.1式）もこのような形をしている。この場合は粒径を有効径 D_{10} で代表したことになる。つまり，透水係数は土塊を構成する土粒子の粒径の小さい部分が支配的要因になっていることである。なお，このような理論的背景から，粘性土では粒径が砂に比べて相当小さく，個々の間隙が小さくなると，粒子表面に働く界面力によって水が自由に流れる隙間が極端に小さくなるため（図2.4.1参照），この形の式は粘性土には当ては

まらないことに注意すべきである。

図4.4.1は原位置地盤凍結法で採取した不攪乱砂試料を用いて，定水位透水試験により求めた砂地盤の透水係数とヘーゼンの式（t=15℃として）で推定した値との対応を比較したものである[16]。なお，図中の"○"と"●"のデータは，それぞれ土要素について図4.4.2に示す鉛直および水平方向の透水試験で得られた透水係数k_vおよびk_hである。$k_h>k_v$であるが，最大で$k_h \fallingdotseq 1.7k_v$である。図からはヘーゼンの式が$D_{10} \geqq 0.05$mmの範囲で実測値とほぼ対応していることがわかる。ヘーゼンの式は粒径が均等で緩い砂質土に適用性があると言われている。

$$k = C(0.7+0.03t)(D_{10})^2 \qquad 4.4.1$$

ここで，D_{10}：cm，t：温度℃，C=46～150。

なお，t=10℃，cを平均値100（(46+150)/2 ≒ 100）とした時4.4.1式は4.4.2式となる。実務では4.4.2式がよく用いられている。

$$k = 100(D_{10})^2 \qquad D_{10}：cm \qquad 4.4.2$$

図4.4.3は同様にCreager（クレーガー）の提案と定水位透水試験による不攪乱砂質および礫質試料の透水係数を比較したものである。クレーガーの提案はD_{20}=0.1～0.5mmの範囲で実測値とほぼ対応している。

図4.4.4は高品質の不攪乱砂質試料についての室内透水試験により求められた透水係数と細粒分含有率（F_c）との関係を示したものである[16]。両者には4.4.3式で示される良い相関があり，ヘーゼンの式と同様，砂質土の粒径の小さい部分が透水係数と深い関係にあることを示した例と言える。

$$\log k = -1.5\log F_c + 0.65 \qquad 3\% \leqq F_c \leqq 30\% \qquad 4.4.3$$

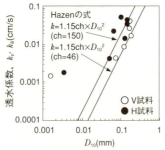

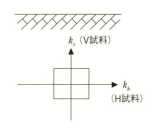

図4.4.1　Hazenの経験式と砂地盤の透水係数[16]　　図4.4.2　砂地盤の透水係数の異方性[16]

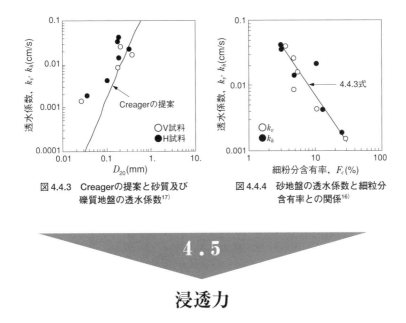

図 4.4.3 Creagerの提案と砂質及び礫質地盤の透水係数[17]

図 4.4.4 砂地盤の透水係数と細粒分含有率との関係[16]

4.5 浸透力

4.5.1 浸透力

　土中を流れる水は土粒子から抵抗され，少しずつその勢いを失う。一方，骨格構造を構成している土粒子の立場から見れば，重力によってある構造で安定しているところ，水の流れによって引きずられて，その安定性が影響を受ける。ある場合はより安定に，ある場合は逆に構造が崩壊に向かう。水の流れによって生じる土の骨格構造に働く力を浸透力と呼ぶ。この力は重力と同様な物体力である。この力が働くと，第3章に述べた地盤の変形・強度特性を支配する有効応力が変化する。このことを理解してもらうため，図4.5.1に構造物地下部分建設のため砂地盤を掘削する場合を示した。

　地下部分の掘削が進むにつれ，掘削底面は地下水位以下になる。そのままでは，作業ができなくなるので，通常は何らかの方法により掘削領域にある水を外部に排出する。その結果，周辺地盤と掘削領域で地下水位に差が生じて，図4.5.1に矢印で示すように，山留め壁を回って，周辺地盤から掘削領域内に地下水流が生じる。この地下水の流れによって，流路にあたる地盤に有効応力の変

第4章 透水

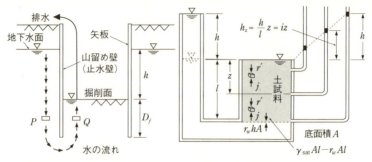

図 4.5.1　掘削に伴う浸透力の作用　　図 4.5.2　水位差による上向き浸透流

化が生じることになる。いま，同じ深さにある2点PとQについて考えよう。P点では，重力と同じく，下向きの浸透力が働き，問題はない。しかし，Q点では重力とは逆に浸透力が上向きに働くので，地盤の安定性が損なわれる可能性がある。いまQ点について考えてみるため，図4.5.2のような模式図を示す。周辺地盤の地下水位と掘削底面の水位の差をhとし，底面積Aをもつ要素Qの底面を浸透流は上向きに流れている。浸透流がなければ，底面Aに働く力としては下向きに土試料の全重量（$A \times l \times \gamma_{sat}$）と上向きの浮力（$A \times l \times \gamma_w$）であり，4.5.1式で表される。

　　底面に作用する全有効重量＝全体の重量−浮力

$$= \gamma_{sat} Al - \gamma_w Al = \gamma' Al \qquad 4.5.1$$

単位体積あたりに働く重量は全有効重量を全体積（$A \times l$）で割って，4.5.2式で表される。そして，Q点にはこの有効重量のほか，水位差hによる浸透水圧応力$h \cdot \gamma_w$が底面積Aに作用し，土試料全体に浸透力$h \cdot \gamma_w \cdot A$が上向きに作用する。このとき，土試料の単位体積に働く浸透力jは4.5.3式で表される。

$$\text{底面に作用する単位体積あたりの有効重量} = \frac{\gamma' Al}{Al} = \gamma' \qquad 4.5.2$$

$$\text{土の単位体積に働く浸透力} \quad j = \frac{\gamma_w hA}{Al} = i\gamma_w \qquad 4.5.3$$

このjを浸透力といい，土試料のどの部分にも等しく上向きに作用する。4.5.2式及び4.5.3式により，土試料の単位体積あたりに働く有効重量は4.5.4式で

表される。

土試料の単位体積あたりに働く下向きの有効重量＝$\gamma' - j$　　　4.5.4

上向きの浸透流がある場合の深さzの点における有効応力σ_z'は4.5.5式で表される。

$$\sigma_z' = (\gamma' - j)z = (\gamma' - i\gamma_w)z \qquad\qquad 4.5.5$$

図4.5.1において，周辺地盤の元の水位と掘削底面の水位の差が大きくなれば上向きの浸透力が大きくなる。そして，$j > \gamma'$になれば，浸透力の方が大きくなって，水の勢いによって土粒子が持ちあげられてしまう。これをクイックサンド現象という。このような状況になれば，掘削底面で地盤の崩壊が始まり，それが引き金になって，山留め壁が崩壊して，大きな事故につながる危険性がある。このときの動水勾配は限界動水勾配（i_c）といい，$\sigma_z' = 0$として4.5.5式より，4.5.6式で表される。

$$限界動水勾配 \quad i_c = \frac{\gamma'}{\gamma_w} = \frac{\rho_s / \rho_w - 1}{1 + e} \qquad\qquad 4.5.6$$

4.5.6式より，限界動水勾配i_cは土の間隙比eと土粒子密度ρ_sで決まる。

4.5.2　ボイリングの検討

図 4.5.3（a）に示すように，砂質地盤を矢板で土留めして，掘削領域の地下水をくみ上げながら掘削を続けると，掘削領域と外周地盤の間に水位差が生じて，周辺地盤から矢板の先端を通して，地下水が掘削領域に流れてくる。それによって，掘削領域では上向きの浸透流が生じて，水頭差が大きくなると，矢板先端地盤が崩壊することがある。これをボイリングという。ボイリングの可能性の検討方法は限界動水勾配を用いた考え方とテルツアーギの方法の二つがある。本書では，実務で広く用いられているテルツアーギの方法について以下に説明する[9]。テルツアーギは図4.5.3（b）に示すように，上向きの浸透流により持ち上げられる範囲を矢板の根入れ深さ（D_f）の1／2と考えた（紙面に直角方向は単位長さ）。土塊を持ち上がろうとする浸透力に抵抗する力は$D_f/2$領域の土塊の重量と土塊の鉛直面に働くせん断抵抗である。ここで，崩壊時には土塊に働く有効応力はゼロであるので，せん断抵抗もゼロになる。つまり，図

4.5.3（b）に示すように，下向きに働く土塊の重量と土塊下端（ab面）に働く上向きの浸透力が対峙していることになる。土塊の有効重量Wは4.5.7式で表される。一方，幅$D_f/2$の土塊に働く上向きの浸透圧（U_w）は矢板からの水平距離に従い低下していくことが知られている（図4.5.3（b））。テルツアーギは$D_f/2$の範囲の浸透圧を一定として考え，「建築基礎構造設計指針」ではこの値を$\gamma_w \times \frac{h}{2}$として，浸透圧$U_w$を4.5.8式で表した。つまり，掘削面内外の水位差の1／2の水頭差による水圧とした。このような仮定の下で，ボイリングに対する安全率は4.5.9式で与えられる。建築学会の「山留め設計施工指針」では，ボイリングに関する安全率は1.2としている。

$$W = D_f \times D_f/2 \times \gamma' \qquad 4.5.7$$
$$U_w = \gamma_w \cdot h/2 \times D_f/2 \qquad 4.5.8$$
$$F_s = W/U_w = 2\gamma' D_f/(\gamma_w h) \qquad 4.5.9$$

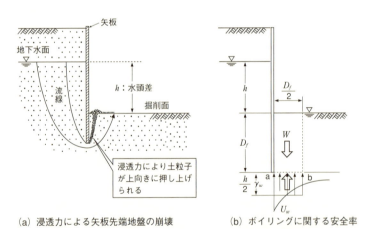

(a) 浸透力による矢板先端地盤の崩壊　　(b) ボイリングに関する安全率

図4.5.3　テルツアーギによるボイリングに関する安全率の考え方

4.5.3　盤ぶくれ

浸透流そのものによる破壊ではないが，地下水が原因で盤ぶくれと呼ばれる地盤が破壊する現象がある。以下簡単に説明しておく。図4.5.4に示すように，不透水の粘性土地盤の下に被圧されている砂礫層があるとき，粘性土層を図4.5.4のように掘削すれば，被圧地下水の間隙水圧による揚圧力により，掘削面

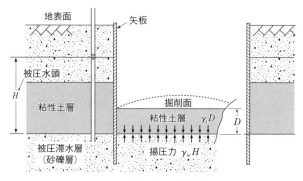

図 4.5.4 盤ぶくれ

が持ち上げられることがある。この現象を盤ぶくれという。揚圧力に抵抗する力は粘性土層の自重になる。盤ぶくれの安全率F_hは4.5.10式で表される。建築では通常，盤ぶくれの安全率は1.0以上が用いられる。

$$F_h = \frac{D\gamma_t}{\gamma_w H} \qquad 4.5.10$$

ここで，Dは掘削底面からの粘性土層の厚さ，γ_tは粘性土層の単位体積重量，Hは被圧水頭である。

〔演習問題4-1〕

図に示すように，地下水位以下の地盤を掘削している。掘削底からの湧水はポンプにより排水して，常に水位面と掘削表面は一致するようにしている。テルツァーギの方法に従い，ボイリングによる安全率$F_s=1.2$とすると，どの深さまで安全に掘削を続けることができるか。

〈解答〉

$$F_s = 1.2 = \frac{2\gamma' D_f}{\gamma_w h} = \frac{2\gamma'(4-h)}{\gamma_w h}$$

$$= \frac{2(17.6-9.8)(4-h)}{9.8 \times h}$$

$$h = 2.28\text{m}$$

つまり，地下水位面から2.28mまで掘削することができる。

第4章 透水

〔演習問題4-2〕

右図において下記の問いに答えよ。

1) $h=20$cmに保ったとき，土試料の中央における鉛直有効応力 σ_v' を求めよ。
2) この土試料の限界動水勾配 i_c を求めよ。
3) いま，$h=80$cmに保ったとき，クイックサンド現象が起こらないようにするためには，土試料の表面にはいくらの押さえ荷重 q が必要か。

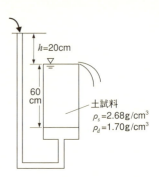

〈解答〉

1) $\rho_s = 2.68$g/cm³，$\rho_d = 1.70$ g/cm³ から間隙比 e は $e = \dfrac{2.68}{1.70} - 1 = 0.58$

$$\sigma_v' = (\gamma' - j)z = (\gamma' - i\gamma_w)z = \left(\dfrac{\rho_s - \rho_w}{1+e}g - \dfrac{h}{l}\rho_w g\right)z$$

$$= \left(\dfrac{2.68 - 1.00}{1 + 0.58} \times 9.8 - \dfrac{0.2}{0.6} \times 1.00 \times 9.8\right) \times 0.3 = (10.42 - 3.27) \times 0.3 = 2.15 \text{ (kN/m}^2\text{)}$$

2) 限界動水勾配 i_c は

$$i_c = \dfrac{\gamma'}{\gamma_w} = \dfrac{\dfrac{\rho_s}{\rho_w} - 1}{1+e} = \dfrac{\dfrac{2.68}{1.00} - 1}{1 + 0.58} = 1.06 \quad \text{（4.5.6式参照）}$$

3) q の重量による単位体積あたりの有効な重量は $q \times \dfrac{A}{Al} = \dfrac{q}{l}$ となるので，

クイックサンド現象が起こらないためには，$\gamma' + \dfrac{q}{l} - i\gamma_w \geqq 0$ となる。

これから，$q \geqq (i\gamma_w - \gamma')l = h\rho_w g - \dfrac{\rho_s - \rho_w}{1+e}gl$

$= 0.8 \times 1.00 \times 9.8 - \dfrac{2.68 - 1.00}{1 + 0.58} \times 9.8 \times 0.6 = 7.84 - 6.25 = 1.59$ (kN/m²)

第5章

粘土の圧密

第5章　粘土の圧密

5.1

土の圧縮

　地盤の上に建物が建造されると地盤は構造物の荷重を受けて何らかの収縮を示す。広い意味で地盤の収縮を圧縮という。地盤が圧縮するとその上にある建物は沈下する。建物の沈下量が過大な場合，建物の位置によって沈下量がかなり異なる場合（これを不同沈下という），あるいは沈下が長時間にわたると建物あるいはその使用にとってさまざまな不都合が生じる（図1.1.3参照）。したがって，建物荷重による地盤の圧縮の評価は建築構造物の基礎設計にとって極めて重要な課題である。

　このような外的荷重による地盤の圧縮について考えてみよう。建物荷重によって地盤中の土要素が$\Delta\sigma$だけ応力増分を受けたとしよう。土要素も鉄やコンクリートなどの材料と同様，外部から荷重が加わると，荷重の方向に大なり小なり圧縮する。しかし，土は固体である土粒子と液体である間隙水と気体である空気から成り立っているため，変形の様子が鉄やコンクリートとはかなり異なる場合がある。土の骨格の体積圧縮率をS_bとし，σ'の有効応力のもとに，土の骨格の体積VがΔVだけ収縮したとすると，5.1.1式が成り立つ。

$$S_b \cdot \sigma' = \frac{\Delta V}{V} \qquad\qquad 5.1.1$$

　ここで，S_bは土の骨格の体積圧縮率

　地下水位以下の地盤は，土粒子と水で構成されている（飽和地盤という）。土粒子や水は鉄ほど硬くない（圧縮率が小さくない）にしても，それら自身の圧縮性はかなり小さい（表5.1.1参照）[18]。通常の増分応力の$\Delta\sigma$によって問題になるような圧縮量が生じることはない。しかし，実際の飽和地盤では，特に粘土地盤ではかなり大きな沈下量が生じる場合がある。その理由は荷重によって土粒子や水自身が圧縮するのではなく，飽和地盤から間隙水が外に流出して，結果として地盤がかなり圧縮するからである。そして，鉄やコンクリートは荷重に対して，変形はほとんど瞬時に生じる。これに対して，飽和粘土地盤の圧

78

縮が間隙水の外部への流出を伴う関係上，地盤が持つ水の流れやすさ（第4章参照）が関係して，鉄やコンクリートに比べると，通常かなり時間がかかる。特に透水係数の小さい粘土地盤の場合は圧縮が完全に完了するまでに数年かかる場合もあり，そのことがさまざまな問題を引き起こす。このように，飽和粘土地盤が外的荷重のもとに間隙水が地盤から流出するのに伴い収縮する現象は荷重を受けた地盤の圧縮の一つの形態であり，特に圧密と称して，粘土地盤の大きな課題である。なお，砂質地盤は粘性土地盤に比べると透水係数は100万倍程度大きい。間隙の量は逆に粘土の数分の1と小さいため，外的荷重による沈下量がかなり小さく，かつ沈下はほとんど瞬時に発生するので問題になることは粘土地盤に比べて少ない。

表5.1.1　各種の土や岩の1気圧における圧縮率[18]

材　料	骨格構造の圧縮率S_b (m²/kN)	S_w / S_b
花崗岩	7.5×10⁻⁸	6.7
コンクリート	20×10⁻⁸	2.5
密な砂	1,800×10⁻⁸	0.028
ゆるい砂	9,000×10⁻⁸	0.0056
過圧密粘土	7,500×10⁻⁸	0.0067
正規圧密粘土	60,000×10⁻⁸	0.0008

S_w=5×10⁻⁷ m²/kN　（水の15℃での圧縮率）

5.2

粘土の圧密

粘土地盤に及ぼす有効応力が増加すると粘土地盤は圧密を生じる。図5.2.1は粘土地盤中の有効応力を増大させる原因の代表例を示している。図からわかるように，荷重増大をもたらす原因は何も地盤の外からの直接の荷重増大だけではない。すでに第3章でみてきたように，地盤中の地下水位が変動すると有効応力が変わる。そして，有効応力が変動すると，それに伴って地盤が沈下あるいは膨張することは広く知られている。

図5.2.2は昭和20年代から30年代における大阪市での地下水のくみ上げによる地下水位の変動と地盤の沈下の関係の例を示している[19]。

第5章　粘土の圧密

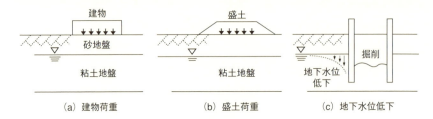

図5.2.1　粘土地盤の圧密沈下をもたらすさまざまな原因

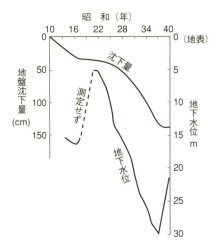

図5.2.2　地下水位の変化と地盤沈下の関係例[19]

両者には明瞭な関係が認められる。これはすでに説明したように，地下水位の低下はそれより下部にある地盤の有効応力の増加をもたらす。これは地下水位が低下した部分においては土粒子への地下水による浮力がなくなったためである。一方，地下水位が回復（上昇）すると，浮力が回復して有効応力が減少し，地盤が膨張する傾向がみられる。しかし，地盤は弾性体ではないので，有効応力が元の状態に戻っても地盤の沈下量はなかなか戻らない。このことは図5.2.2にもみられる。

ここで，地盤に及ぼす有効応力が増大することによる地盤の圧密沈下の進行について図5.2.3を用いて考えてみよう。図5.2.3において，ピストンとバネは地盤の骨格構造を示し，ピストンにある小孔は地盤の透水性を表している。シリ

ンダーにある水は地盤中の間隙水を表す。いま，時刻$t=0$において，応力増分$\Delta\sigma$がこの粘土地盤に加えられたとする。既に説明したように，粘性土地盤の透水性は非常に低いので，荷重が加えられた瞬間では，小孔からすぐに間隙水は排出できない。したがって，ピストンは下がることができず，バネは圧縮されないでいる。そのため，応力増分$\Delta\sigma$はシリンダー内の水が負担し，つまり応力増分$\Delta\sigma$に等しいだけの過剰間隙水圧Δuがシリンダー内に発生し，有効応力は変化しない（図5.2.3（b），$t=0$，$\Delta u=\Delta\sigma$，$\Delta\sigma'=0$）。このようにシリンダー内に生じた過剰間隙水圧Δuにより，シリンダー内の間隙水はピストンの小孔を通じて外部へと時間と共に次第に排出される。そして，間隙水が排出されると，バネが圧縮してピストンは下がる。一方，間隙水が排出されると過剰間隙水圧がそれによって相応の量だけ低下し，その分だけ土の骨格構造が受け持つ応力（有効応力）が増加する。つまり，時刻$t=t_1$では，$\Delta u=\Delta u_1$に下がり，有効応力は$\Delta\sigma'=\Delta\sigma-\Delta u_1$に増大する（図5.2.3（c））。やがて，時刻$t_2$において，過剰間隙水圧は完全に消散して，応力増分$\Delta\sigma$はすべて土の骨格構造（バネ）で負担するようになる。つまり，時刻$t=t_2$では，$\Delta u=0$となり，$\Delta\sigma'=\Delta\sigma$となる（図5.2.3（d））。今までの説明でわかるように圧密の過程における応力の変化は要するに加えられた外力が一度過剰間隙水圧に置き換えられて，そして，時間と共に過剰間隙水圧が次第に消散し，消散した分だけ有効応力が増大する（置きかえられる）過程といえよう（図5.2.4）。そして，排出された間隙水の分だけ地盤は圧密沈下する。基礎構造技術者にとって，粘性土の圧密について検討する要点は地盤の沈下量と沈下に要する時間である。

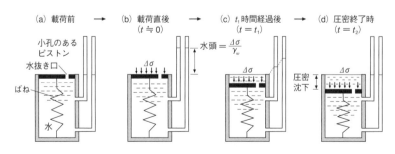

図5.2.3　地盤の圧密過程での応力変化

第5章 粘土の圧密

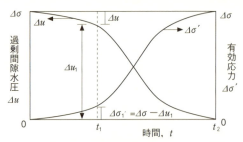

図5.2.4 圧密過程における過剰隙水圧（Δu）と有効応力（Δσ'）の経時変化の模式図

5.3

一次元圧密試験

5.3.1 一次元圧密試験

　地盤の圧密沈下特性は①荷重の大きさと圧密沈下量の関係と②圧密沈下の時間経過の2つが重要である。この2つの事項は通常検討対象地盤から不攪乱試料を採取して，圧密試験を実施し，その結果をもとに検討される。図5.3.1は標準圧密試験に用いる圧密容器を示している。剛なリング状の容器に不攪乱試料から整形された直径6cm，高さ2cmの供試体を入れて，水浸した状態（試料の飽和状態の確保）で供試体の上下両面に設置されている透水性が試験試料よりはるかに大きい多孔質版（ポーラスストーン）を介して鉛直荷重を試料に加えて，それによる供試体の沈下量（圧縮量）と沈下の時間経過を測定する。容器の側壁は剛になっているので，供試体は一次元方向（鉛直方向）にしか変形できない。これは水平地盤上の広い範囲に鉛直荷重が働いた場合の地盤の圧縮と地下水の流れがほとんど鉛直方向にのみ生じることを再現したものである。なお，実地盤の圧密問題には水平方向の変形をも考慮すべき事例（三次元圧密）もあるが，本書では圧密の基本的な考えの説明にとどめて，複雑な問題の取り扱いは他の研究書を参考されたい。図5.3.1に示す土の段階載荷による圧密試験

(JIS A 1217)[7]では通常最大荷重を一度に加えるのではなく，あるレベルの鉛直荷重を載荷して一定に保ち，24時間の間の沈下量を測定し，その後，荷重を増やして再び圧密試験を行い，このように荷重をいくつかのステップに分けて載荷し，検討対象荷重よりも大きいレベルの荷重まで載荷して，沈下量及び沈下の時間経過を求める（図5.3.2）。

図5.3.1に示す圧密試験のように水平方向にひずみが生じない一次元状態では，初期高さH_0，断面積がSの供試体が上載荷重Δpのもとで鉛直圧縮量ΔHが生じたとすると，試料の体積ひずみε_vは鉛直ひずみε_1と等しくなる（5.3.1式）。標準圧密試験におけるある荷重段階までの累積した荷重の大きさとその荷重段階において過剰間隙水圧が完全に消散した時点での累積体積ひずみの関係をプロットしたのが図5.3.3である。この曲線の任意の点での曲線の傾き（任意のステップにおける体積ひずみと荷重増分の比），$\varepsilon_v / \Delta p$はその応力状態での試料の体積圧縮係数m_vと呼ばれる（5.3.2式）。図からわかるように，同じ試料でも体積圧縮係数は載荷応力の大きさによって異なっている。つまり，荷重レベルが大きくなるに従って，体積圧縮係数は減少する傾向が見られる。これは，先行荷重により，地盤の間隙比が次第に小さくなり，硬くなって，圧縮しにくくなっているためである。

$$\varepsilon_v = \frac{\Delta V}{V_0} = \frac{\Delta H \times S}{H_0 \times S} = \frac{\Delta H}{H_0} = \varepsilon_1 \qquad 5.3.1$$

ここで，V_0，H_0はそれぞれ試料の初期体積と初期高さ，ΔVとΔHはそれぞれ荷重ΔPによる体積と高さの変化を表す。Sは試料の断面積。

$$m_v = \frac{\varepsilon_v}{\Delta p} \qquad 5.3.2$$

次に，試料の圧縮量を間隙比の変化として表してみる。間隙比e_0の試料が荷重ΔpのもとにΔeだけ変化すると，体積ひずみε_v（＝鉛直ひずみ）は図2.2.1から$\Delta e / (1+e_0)$で表される（5.3.3式）。標準圧密試験における試料の間隙比と有効応力の関係を示したのが図5.3.4である。この曲線の任意の荷重での傾きは圧縮係数（a_v）と呼ばれて，5.3.4式で定義される。5.3.2式，5.3.3式および5.3.4式の関係から，体積圧縮係数と圧縮係数は5.3.5式の関係で関連づけられる。ところで，図5.3.3および図5.3.4からわかるように，同じ地盤でも，その圧縮特性を

第5章　粘土の圧密

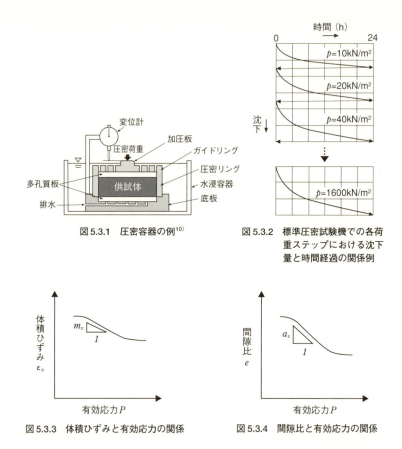

図5.3.1　圧密容器の例[10]

図5.3.2　標準圧密試験機での各荷重ステップにおける沈下量と時間経過の関係例

図5.3.3　体積ひずみと有効応力の関係

図5.3.4　間隙比と有効応力の関係

定義する2つの指標，体積圧縮係数と圧縮係数はいずれも有効応力の大きさによって変動するので，取り扱いに難点がある。ところが，図5.3.4の横軸の荷重 P を対数目盛りで表示すると，図5.3.5に示すように正規圧密領域（5.3.2節で説明）での e と $\log p$ の関係はほぼ直線になり，この直線部分の傾きは荷重の大きさにほとんどよらず，一定であり，圧縮指数 C_c と呼ばれる（5.3.6式）。実務では標準圧密試験により求められるこの圧縮指数が広く用いられる。なお，体積圧縮係数と圧縮指数の間には5.3.5式に示す関係がある。

$$\varepsilon_v = \frac{\Delta e}{1+e_0} \qquad 5.3.3$$

84

$$a_v = \frac{\Delta e}{\Delta p} \qquad 5.3.4$$

$$m_v = \frac{a_v}{1+e_0} = \frac{C_c \times \Delta \log p}{\Delta p (1+e_0)} \qquad 5.3.5$$

$$C_c = \frac{\Delta e}{\Delta \log p} \qquad 5.3.6$$

ここで，圧密試験による粘性土の圧密特性を表すさまざまな指標を具体的に求める方法を簡単に説明しておこう．試料の初期高さをH_0，初期湿潤単位体積重量をγ_{t0}，初期含水比をw_0，土粒子密度をρ_sとすると，初期間隙比e_0は5.3.7式で表わされる．そして，各荷重段階（Δp）での最終沈下量をΔhとすると，間隙の減少量は5.3.8式で表される．ΔeとΔpおよびe_0から，5.3.6式，5.3.4式，および5.3.3式と5.3.2式によりそれぞれ圧縮指数C_c，圧縮係数a_vおよび体積圧縮係数m_vが求められる．

$$e_0 = \frac{(1+w_0)\rho_s \cdot g}{\gamma_{t0}} - 1 \qquad 5.3.7$$

$$\Delta e = \frac{\Delta h}{H_0}(1+e_0) \qquad 5.3.8$$

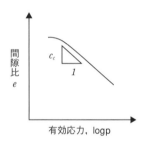

図 5.3.5　間隙比eと$\log p$の関係

本書では段階載荷による圧密試験方法（JIS A 1217）について説明した．しかし，この方法は試験期間が長いこと（通常10日間），超軟弱粘土，硬質粘土および砂分の多い粘土の圧密特性を求めるのが困難である．これらの困難を克服する方法として「定ひずみ速度載荷による圧密試験（JIS A 1227）」がある．詳細は専門書を参考されたい．

5.3.2　圧密沈下特性の評価

ある粘性土地盤が図5.3.6のような経緯で生成されたとしよう．地盤の堆積によりG地点における間隙比と荷重の関係は図5.3.7のように堆積した上部の土層の土かぶり圧により間隙比は次第に小さくなって行き，A点からB点への経路（破線）をたどる．この地盤のG地点から不攪乱試料を採取して，標準圧密試

験を行うと$e-\log p$関係は図5.3.7に示すようにC→B→Dの経路をたどって，途中で折れ点（B）のある曲線として求められる。この折れ点の荷重を圧密降伏応力P_cという。$e-\log p$関係がこのような折れ点のあるグラフになった理由は次のように説明される。いま，建物の荷重による圧密沈下の可能性を評価するため，この地盤のG地点から不攪乱試料を採取して圧密試験をする。試料を地上に取り出すと，G地点に作用していた土被り圧は一時的に開放されて荷重はほとんどゼロになり，そのために土試料は膨張する。しかし，その時，地盤は元の$\overrightarrow{BA}$の経路をたどらず，$\overrightarrow{BC}$の経路（点線）をたどる。これは図5.2.2の実例でもよく示されている。つまり，除荷すると地盤は膨張するが，その膨張量は小さく，沈下した量だけの膨張はしない。これは，すでに強調したように，地盤は弾性体ではなく，過去の荷重によって地盤の骨格構造が塑性変形するためである。図5.3.7の場合は，地下水位の変動ではなく，試料を切り出したことによって有効上載圧そのものが直接低下したのである。このようなC点の状態で再び試料に載荷すると，荷重の大きさが圧密降伏応力（図5.3.7でいえば，B点）の範囲までは，土試料は荷重履歴によりほぼ弾性的な挙動を示し，ほぼ$\overrightarrow{CB}$の経路（実線）をたどる（再載荷）。そして，荷重がこのB点を超えて大きくなると，間隙比―荷重関係はA－Bの経路をそのまま直線的に伸ばしたような経路をたどる（図5.3.7のB－D）。このような地盤の性質から，圧密試験結果を利用して，逆に地盤が過去において受けた最大の荷重（正確には先行圧密圧力とすべきが，後述の理由により求めることが困難なため，圧密降伏応力P_yとする）を推定することができる。そして，新たな荷重増分による地盤の沈下については，荷重増分を加えた応力が圧密降伏応力より大きいかどうかで，地盤の圧縮特性（B－C区間とB－D区間での曲線の傾き）がまったく異なるので，この圧密降伏応力を知ることはきわめて重要な事項である。地盤の圧密降伏応力と現在受けている荷重との比は過圧密比（over consolidation ratio, 通常OCRと略称）と呼ばれている（5.3.9式）。OCR＝1の地盤を正規圧密地盤，OCRが1以上の地盤は過圧密地盤と呼ばれる。定義からわかるように，過圧密比の大きい地盤ほど，圧密沈下の可能性は小さいといえる。ところで，圧密試験結果で得られる圧密曲線の中には折れ曲がり点が明瞭でない場合もある。そのような場合も含めて，広く行われているCasagrande（キャサグランデ）が

提案した折れ曲がり点（圧密降伏応力）を求める方法を図5.3.8で説明する[20]。e-logp 曲線上の曲率が最大な点Aにおける水平線ABと，点Aにおける曲線の接線ACとがなす角の2等分線ADを引き，正規圧密曲線の延長線とADの交点Eの横座標を圧密降伏応力P_yと定義する。

$$\text{OCR（過圧密比）} = \frac{\text{圧密降伏応力}(P_y)}{\text{現在の有効上載圧}} \quad 5.3.9$$

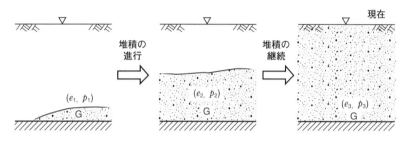

図5.3.6 地盤の生成過程における地盤の間隙比と土かぶり圧の関係

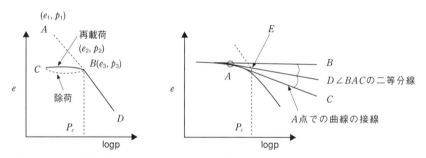

図5.3.7 圧密試験で得られるe－logp曲線

図5.3.8 キャサグランデの方法による圧密降伏応力を求める[20]

5.3.3 圧密沈下量

5.3.1節に示す圧密試験により，対象地盤のe－logp曲線が求まる（図5.3.9 (a)）と，盛土や建物荷重による地盤の圧密沈下量を計算することができる。いま，有効応力σ_v'のもとで正規圧密状態にある粘土地盤が建物荷重により$\Delta\sigma_v'$だけ増加したとしよう。図5.3.9 (b) により圧密による間隙比の変化Δeは5.3.10式で表される。

第5章 粘土の圧密

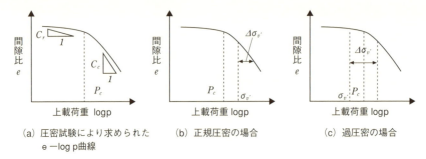

(a) 圧密試験により求められた e－log p曲線

(b) 正規圧密の場合

(c) 過圧密の場合

図5.3.9 正規圧密土および過圧密土の沈下量の求め方

$$\Delta e = C_c \{\log(\sigma_v' + \Delta \sigma_v') - \log \sigma_v'\} = C_c \log \frac{\sigma_v' + \Delta \sigma_v'}{\sigma_v'} \quad 5.3.10$$

過圧密粘土の場合（図5.3.9（c））は，圧密降伏応力P_cの前後で圧縮指数が異なるので，5.3.10式は5.3.11式に変わる。

$$\Delta e = C_r \log \frac{p_c}{\sigma_v'} + C_c \log \frac{\sigma_v' + \Delta \sigma_v'}{p_c} \quad C_r\text{は再載荷時の圧縮指数} \quad 5.3.11$$

これらの結果により，厚さがH，初期間隙比がe_0の粘土層の最終圧密沈下量S_fは5.3.3式を用いて5.3.12式で表される。

$$S_f = \int_0^H \varepsilon_v \, dz = \int_0^H \varepsilon_1 \, dz = \int_0^H \frac{\Delta e}{1+e_0} \, dz = H \frac{\Delta e}{1+e_0} \quad 5.3.12$$

テルツアーギの一次元圧密理論

5.4.1 圧密方程式

図5.2.1で示したような原因による粘性土地盤への荷重変化が発生すると，地盤には図5.2.3で説明した圧密沈下が生じる。圧密は粘土地盤中の間隙水の排出を伴うので，粘性土の透水性が影響し，つまり，時間経過の問題である。また，

図5.3.1で言えば多孔質板のそばでは間隙水はすぐ排出されるが，試料中央部の間隙水は排出されるのに時間がかかる。実際の粘土層で言えば，排水境界までの距離によって，粘土層の中でも位置によって圧密進行の速さが異なる。粘土層の厚さに比べて，荷重幅が十分広い場合には，表面の荷重はそのまま一様に下部の粘土層に伝えられ，どこの断面をとっても同じことが起こっているから，現象は1次元的であると見てよい。テルツアーギはこのような1次元状態での圧密現象の進行を時間tと場所zの関数として数学的に取り扱うことに成功した[9]。以下にその内容を説明する。

図5.4.1に示す下部が岩盤で，上部が砂層に挟まれた粘土層について考えてみる。地下水位は粘土層の上面にあって，粘土層は飽和していると考えられる。このような地層の表面の広い範囲にわたって一様な荷重Pが載荷されたとすると，この荷重は先に述べた考えから，下部の粘土層に一様に伝えられる。下部の岩盤は不透水層と考えてよい。したがって，荷重により粘性土が圧密されると，粘土層中の間隙水は鉛直方向に上部の砂層中に排出されることになる。粘土層の下端を原点に上向きにZ軸をとり，断面積がAで，厚さがΔzの土の微小要素がzの位置にあるとする。zにある流速がvとすると，要素の上端（$z+\Delta z$）の位置での流速は$v+\left(\dfrac{\partial v}{\partial z}\right)\Delta z$であるから，$\Delta t$時間中に微小要素から排出される水の量$\Delta q$は5.4.1式で表される。

$$\Delta q = \left\{ v + \left(\frac{\partial v}{\partial z}\right) \Delta z \right\} \times A \times \Delta t - v \times A\, \Delta t = \left(\frac{\partial v}{\partial z}\right) \Delta z \times A \times \Delta t \qquad 5.4.1$$

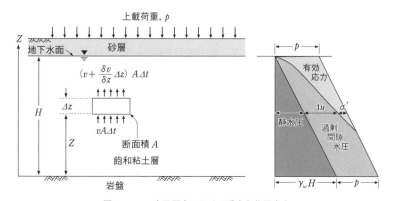

図5.4.1 一次元圧密における透水と作用応力

第5章　粘土の圧密

次にzの位置にける応力について考えてみる。

$$\sigma = \sigma' + u = \sigma' + (H - z)\gamma_w + \Delta u \qquad 5.4.2$$

ここで，σは全応力，σ'は有効応力，$(H-z)\gamma_w$はzの位置での静水圧，Δuは荷重Pにより発生した過剰間隙水圧。水の単体積重量をγ_wとすると，過剰間隙水圧Δuに相当する水頭hは5.4.3式により表される。

$$h = \frac{\Delta u}{\gamma_w} \qquad 5.4.3$$

そして，zの位置における動水勾配iは5.4.4式で表されるので，4.1.1式のダルシーの法則により，流速vは5.4.5式が得られる。

$$i = \frac{h}{\Delta z} \qquad 5.4.4$$

$$v = ki = k \cdot \frac{h}{\Delta z} = -\frac{k}{\gamma_w} \times \frac{\Delta u}{\Delta z} \qquad 5.4.5$$

なお，5.4.5式において，マイナスの符号はzの正の方向に水圧が減少するからである。ここで5.4.5式を5.4.1式に代入すると，5.4.6式が得られる。

$$\Delta q = -\frac{1}{\gamma_w} \times \left(\frac{\partial}{\partial z}\right)\left(k\frac{\partial u}{\partial z}\right)\Delta z \times A \times \Delta t \qquad 5.4.6$$

ここまでは，圧密により排出された水の量を考えた。すでに説明したように，排出された水の量はそのまま微小要素の体積収縮量でもある。微小要素の初期体積をV_0とすると5.4.7式が成り立つ。そして，有効応力の変化$\Delta\sigma'$による体積収縮をΔVとすると体積ひずみε_vは5.4.8式で表される。一方，有効応力の変化$\Delta\sigma'$による体積圧縮ひずみε_vは5.3.2式より5.4.9式で表される。

$$V_0 = A \times \Delta z \qquad 5.4.7$$

$$\varepsilon_v = \frac{\Delta V}{V_0} \qquad 5.4.8$$

$$\varepsilon_v = \Delta\sigma' \cdot m_n \qquad 5.4.9$$

以上から，有効応力の変化$\Delta\sigma'$による体積圧縮ΔVは5.4.10式で表される。

5.4 テルツアーギの一次元圧密理論

$$\Delta V = V_0 \times \varepsilon_v = \Delta z \times A \times \Delta \sigma' \times m_v \qquad 5.4.10$$

5.4.10式で表された体積収縮量ΔVは5.4.6式で示された排出された水の量Δqに等しい。5.4.6式と5.4.10式とから5.4.11式が求められる。

$$-\frac{1}{\gamma_w} \times \left(\frac{\partial}{\partial z}\right)\left(k \times \frac{\partial u}{\partial z}\right) \times \Delta z \times A \times \Delta t = A \times \Delta z \times \Delta \sigma' \times m_v \qquad 5.4.11$$

5.4.11式は5.4.12式に書き換えられる。

$$-\frac{1}{\gamma_w} \times \left(\frac{\partial}{\partial z}\right)\left(k \times \frac{\partial u}{\partial z}\right) = \frac{\Delta \sigma'}{\Delta t} \times m_v = \frac{\partial \sigma'}{\partial t} m_v \qquad 5.4.12$$

ところで，5.4.2式を時間tで偏微分すると，5.4.13式が得られる。

$$\frac{\partial u}{\partial t} = -\frac{\partial \sigma'}{\partial t} \qquad 5.4.13$$

5.4.13式を5.4.12式に代入すると5.4.14式を得る。

$$\frac{1}{\gamma_w} \times \left(\frac{\partial}{\partial z}\right)\left(k \times \frac{\partial u}{\partial z}\right) = m_v \frac{\partial u}{\partial t} \qquad 5.4.14$$

ここで，透水係数kが深さzに無関係に一定であるとすると，5.4.14式は5.4.15式となる。

$$\frac{1}{\gamma_w} \times \left(k \times \frac{\partial^2 u}{\partial z^2}\right) = m_v \frac{\partial u}{\partial t} \qquad 5.4.15$$

ここで，透水係数kと体積圧縮係数m_vが時刻tと深さzに無関係で一定であるとすると，5.4.16式が成り立つ。5.4.16式中の$\frac{k}{m_v \cdot \gamma_w}$は5.4.17式のように$C_v$と表され，圧密係数と呼ばれる。5.4.16式は5.4.18式のように表される。5.4.18式がテルツアーギが導いた一次元圧密の方程式である[9]。

$$\frac{\partial u}{\partial t} = \frac{k}{m_v \cdot \gamma_w} \frac{\partial^2 u}{\partial z^2} \qquad 5.4.16$$

$$C_v = \frac{k}{m_v \cdot \gamma_w} \qquad 5.4.17$$

$$\frac{\partial u}{\partial t} = C_v \frac{\partial^2 u}{\partial z^2} \qquad 5.4.18$$

第5章　粘土の圧密

5.4.2　圧密方程式の解

5.4.18式の微分方程式は適切な初期条件と境界条件を与えることにより，解が得られる。いま，図5.4.1の場合について考えてみる。まず，境界条件としては，粘土層の上端面は排水面であるので，過剰間隙水圧はゼロである。また下端面においては，鉛直方向の水の流れはないので，流速vはゼロである。したがって，5.4.5式から5.4.19式が成り立つ。

$$\text{境界条件：} z=H \text{では，} u=0, \quad z=0 \text{ では } \frac{\partial u}{\partial z}=0 \qquad 5.4.19$$

次に，時刻$t=0$では，載荷重Pは粘土層の各深さの過剰間隙水圧に置き換えられるので，5.4.20式が成り立つ。これが初期条件となる。

$$\text{初期条件：} t=0, u=P \qquad 5.4.20$$

変数zとtを5.4.21式のように無次元化すると便利である。

$$Z=\frac{z}{H} \quad , \quad T_v=\frac{C_v t}{H^2} \qquad 5.4.21$$

ここで，C_vは圧密係数，tは実際の圧密経過時間，Hは最大排水長，T_vは時間係数と呼ばれる。このような境界条件と初期条件で5.4.18式を解くと，5.4.22式に示される解が求められる。Uは圧密度と呼ばれ，5.4.23式に示すように任意の時刻 t における沈下量と最終の沈下量との比として表される。この解を図示したのが図5.4.2, 5.4.3および表5.4.1である。上記の解は図5.4.1の場合，つまり，粘土層の上面の砂層のみから排水が可能な場合の解である。この場合の最大排水長Hは粘土層の厚さと同じである。これを片面排水という（図5.4.4（a）参照）。ところで，一般には，図5.4.4（b）に示すように，粘土層の上下両面に排水層（砂層あるいは礫層）が存在する場合がある。これを両面排水という。この場合は最大排水長は粘土層の厚さの半分になり，$H=H/2$として，5.4.21式に代入してT_vを求めればよい。そして，5.4.21式からわかるように，最大排水長が半分になれば，圧密に必要な時間は1/4と大幅に短縮される。しかし，最長排水長が変わっても圧密沈下量には影響はない。なお，圧密度Uが60%以下の範囲では圧密度は近似的に5.4.24式が成り立つ。

時間係数を求めるための圧密係数C_vは圧密試験で得られる圧密度曲線を利用

92

して求められる。これには$\sqrt{t}$法とlogt法とがあるが、ここでは、$\sqrt{t}$法について簡単に説明しておく。圧密の初期には5.4.24式に示すように、圧密度Uは近似的に時間係数T_vの平方根に比例する。そして、5.4.21式に示すようにT_vは時間tに比例しているので、圧密度Uは$\sqrt{t}$に比例することになる。ここで、Uは5.4.23式に示すように時間tでの沈下量S_tに比例するので、圧密試験における圧密沈下量（ダイヤルゲージの読み、d）を$\sqrt{t}$と対応してプロットすると、図5.4.5のように初期の時間範囲では直線的であり、その傾きは$\sqrt{T_v}/U=\sqrt{\pi}/2=$0.886である。一方、理論曲線の性質から圧密度90%に対応する点と始点を結んだ直線の勾配は$\sqrt{T_v}/U=\sqrt{0.848}/0.9=1.023$である（$U$=90%に対応する$T_v$は表5.4.1により0.848である）。つまり、両者の比は1.023/0.886=1.15となる。そこで、圧密度曲線の初期接線勾配の1.15倍の勾配をもつ直線（破線）を引き（α_2=1.15α_1）、圧密度曲線との交点が90%圧密の点U_{90}である。U_{90}に対応する時間tをt_{90}とし、これに対応するT_vをT_{90}とすると、表5.4.1からT_{90}=0.848だから、t_{90}を図5.4.5から読み取れば、C_vが5.4.21式より計算できる。

ところで、第4章において、粘性土の透水係数は圧密試験から求めることができると説明した。5.4.17式から、透水係数kは5.4.25式で表される。圧密試験で求めたm_vとC_vおよび水の単位体積重量γ_wを代入すれば、kが求まることになる。

$$U = 1 - \sum_{m=0}^{\infty} \frac{8}{(2m+1)^2 \pi^2} \exp\left\{-\frac{(2m+1)^2 \pi^2 T_v}{4}\right\} \qquad 5.4.22$$

ここに、$m = 0, 1, 2, \cdots$（正の整数）。

$$U = \frac{S_t}{S_f} \times 100 \quad （\%） \qquad 5.4.23$$

ここに、S_tとS_fはそれぞれ時刻t経過した時および最終の沈下量を示す。

$$U = \frac{2}{\sqrt{\pi}}\sqrt{T_v} \quad （U \leqq 60\%） \qquad 5.4.24$$

$$k = C_v \cdot m_v \cdot \gamma_w \qquad 5.4.25$$

第 5 章　粘土の圧密

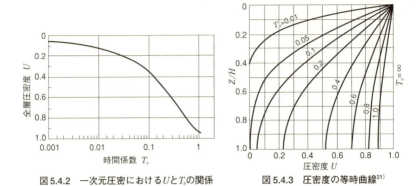

図 5.4.2　一次元圧密における U と T_v の関係

図 5.4.3　圧密度の等時曲線[21]

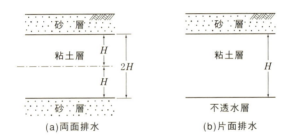

図 5.4.4　最大排水長 (H) の考え方

表5.4.1　一次元圧密 (C_v=const) における U と T_v の関係

U	T_v	U	T_v
0.05	0.0017	0.55	0.238
0.10	0.0077	0.60	0.286
0.15	0.0177	0.65	0.342
0.20	0.0314	0.70	0.403
0.25	0.0491	0.75	0.477
0.30	0.0707	0.80	0.567
0.35	0.0962	0.85	0.684
0.40	0.1260	0.90	0.848
0.45	0.1590	0.95	1.129
0.50	0.1960	1.00	

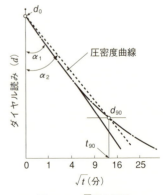

図 5.4.5　$\sqrt{t}$ 法の説明

〔演習問題5-1〕

5.3.7式と5.3.8式を誘導せよ。

〈解答〉

$$\gamma_t = \frac{W}{V} = \frac{W_s + W_w}{V_v + V_s} \quad \text{ここで,} \quad w_0 = \frac{m_w}{m_s}, \quad e_0 = \frac{V_v}{V_s} \quad \text{だから}$$

$$\gamma_{t0} = \frac{(1+w_0)\,m_s}{(1+e_0)\,V_s}\,g = \frac{1+w_0}{1+e_0}\,\rho_s\,g \qquad \therefore e_0 = \frac{(1+\omega_0)\,\rho_s \cdot g}{\gamma_{t0}} - 1$$

$$\varepsilon_v = \frac{\Delta e}{1+e_0} = \varepsilon_1 = \frac{\Delta h}{H_0} \qquad \therefore \Delta e = \frac{\Delta h}{H_0}(1+e_0)$$

〔演習問題5-2〕

圧密降伏応力と先行圧密圧力の違いについて説明せよ。

〈解答〉

　粘土が地盤中で現在までに受けた最大の圧密荷重P_0を先行圧密圧力と呼ぶ。粘土が正規圧密か過圧密かは本来現在受けている有効上載圧P_vとP_0を比較すべきものである。つまり，過圧密比の定義はOCR= P_0/P_vとすべきである。ところが，P_0の値を正確に決定するのは困難な場合がある。つまり，長い地質年代の間に，実際現在受けている荷重よりも大きな荷重を受けたことがないにも関わらず，$P_0 > P_v$のように見える粘土がある。これはいわゆる年代効果（aging effect）による影響で，このような粘土を疑似過圧密粘土と呼ぶ。そのため，通常P_0の代わりに圧密試験で得られる圧密降伏応力（P_y）を用いてOCRを求める。ところで，圧密試験により求められるP_yも圧密試験において用いている圧力増分比や載荷時間により異なってくる。実務では標準圧密試験法に基づく方法で求めた値をP_yとしている。

〔演習問題5-3〕

　上下に砂層に挟まれた厚さ4mの粘土層が盛土建設により，有効応力が$\Delta \sigma_v{}'$ =40 kN/m²増加した。この粘土層の体積圧縮係数m_vは0.004 m²/kNだとすると，

粘土層の沈下量を求めよ。

〈解答〉

$\Delta \varepsilon_v = m_v \Delta \sigma_v' = \Delta \varepsilon_1 = \dfrac{S}{H}$　ここで，Sは圧密沈下量，Hは粘土層の厚さ。

$\therefore S = H m_v \Delta \sigma_v' = 4 \times 0.004 \times 40 = 0.64\,(\mathrm{m}) = 64\,(\mathrm{cm})$

〔演習問題5-4〕

　土粒子密度が2.65g/cm³，含水比wが50%，厚さが5mの飽和粘土層が圧密されて，含水比が10%減少した。この粘土層の圧密沈下量を求めよ。ただし，水の密度は1.00g/cm³である。

〈解答〉

まず，飽和粘土地盤の初期間隙比e_0を求める。2.2.14式より

$e_0 = \dfrac{w \cdot \rho_s}{S_r \cdot \rho_w}$　　$w=0.5$，$\rho_s=2.65$ g/cm³，$S_r=1.0$，$\rho_w=1.00$ g/cm³から

$e_0 = \dfrac{0.5 \times 2.65}{1.0 \times 1.0} = 1.33$，同様に圧密後の間隙比は $e_1 = \dfrac{0.4 \times 2.65}{1.0 \times 1.0} = 1.06$

よって，圧密による間隙比の減少は$e_1 - e_0 = -0.265$

したがって，圧密沈下量Sは $S = H \times \dfrac{-\Delta e}{1 + e_0} = 500\,(\mathrm{cm}) \times \dfrac{0.265}{1.0 + 1.325} = 57.0\,(\mathrm{cm})$

〔演習問題5-5〕

　図のような砂層に挟まれた厚さ4mの正規圧密粘土層がある。地表に建物建設により，一様に鉛直有効応力$\Delta \sigma_v'=50\mathrm{kN/m^2}$増加した。粘土層の圧縮指数$C_c$を0.50とすると，粘土層の圧密沈下量を求めよ。

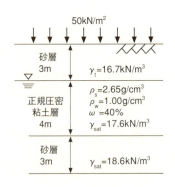

〈解答〉

まず，圧密前の地盤の間隙比を求める。

$$e_0 = \frac{w \cdot \rho_s}{S_r \cdot \rho_w} = \frac{0.4 \times 2.65}{1.0 \times 1.0} = 1.06$$

次に，粘土層中央深さにおける圧密前の鉛直有効応力 σ_{vo}' を求める。

$$\sigma_{vo}' = 3 \times 16.7 + 2 \times (17.6 - 9.8) = 65.7 \, (\mathrm{kN/m^2})$$

圧密による間隙比の変化量 Δe を求める。

$$\therefore \Delta e = C_c \log \left\{ (\sigma_v' + \Delta \sigma_v') / \sigma_v' \right\}$$

$$= 0.5 \times \log \frac{65.7 + 50}{65.7} = 0.123$$

沈下量 $S = H \times \dfrac{\Delta e}{1 + e_0} = 400 \, (\mathrm{cm}) \times \dfrac{0.123}{1.0 + 1.06} = 23.9 \, (\mathrm{cm})$

〔演習問題5-6〕

問題5-5において，粘土層が過圧密粘土地盤で圧密降伏応力 P_y が80kN/m²である。圧縮指数 C_c が0.5，再載荷時の圧縮指数 C_r が0.05である。地表に一様な鉛直荷重増分50kN/m²によって，粘土層が圧密されたとき，その圧密沈下量 S を求めよ。

〈解答〉

$$\Delta e = C_r \log \frac{P_y}{\sigma_v'} + C_c \log \left\{ (\sigma_v' + \Delta \sigma_v) / P_y \right\}$$

$$= 0.05 \times \log \frac{80}{65.7} + 0.5 \times \log \frac{65.7 + 50}{80}$$

$$= 0.0043 + 0.080 = 0.0843$$

$$S = 400 \times \frac{0.0843}{1 + 1.06} = 16.4 \, (\mathrm{cm})$$

〔演習問題5-7〕

上下に砂層に挟まれた層厚4mの飽和粘土層が構造物の建設により圧密が進行している。この粘土層の1年後（365日）の圧密度および沈下量を求めよ。ただし，粘土層の C_v は60cm²/day，最終沈下量は40cmと推定されている。

第5章　粘土の圧密

〈解答〉

上下が砂層なので，粘土層は両面排水条件となり，排水長さは4/2＝2m。

時間係数　$T_v = \dfrac{t \times C_v}{H^2} = \dfrac{365 \times 60}{200^2} = 0.55$

表5.4.1により，　$T_v = 0.55$での圧密度Uは79.1%となる。

5.4.23式より，　$U = 0.791 = \dfrac{S_t}{40}$　　$S_t = 31.6$（cm）

したがって，365日後の圧密度は79.1%で，その時点での沈下量は31.6cmである。

〔演習問題5-8〕

上下を砂層に挟まれた厚さが5mの正規圧密粘土層がある。この層から試料を採取して圧密試験を行った。ある荷重段階で下記のような結果が得られた。以下の問いに答えよ。

　　　載荷前の供試体の高さは1.80cmであり，載荷後の供試体の高さは1.65cmとなった。

　　　90%圧密時間t_{90}＝30.0min

このときの圧密係数C_vを求めよ。この砂層がこの圧密試験と同様な段階で荷重を受けたとき，60%の圧密度に達したときの時間t_{60}及びそのときの沈下量S_{60}を求めよ。

〈解答〉

$T_v = (t \times C_v)/H^2$から$C_v = (T_v \times H^2)/t$となる。上下を砂層に挟まれた粘土層なので，排水条件は圧密試験に用いる試料と同様，両面排水である。90%圧密度（U_{90}）における時間係数T_vは表5.4.1より0.848となる。圧密試験結果より，$C_v = 0.848 \times (1.80/2)^2/(30/60/24) = 33.0$（cm²/day）として求められる。表5.4.1より，$U = 0.6$に対するT_vは0.286である。$t_{60} = (T_v \times H^2)/C_v = 0.286 \times 250^2/33 = 542$ day。（両面排水なので，最大排水長は実際の粘土層の厚さの半分になる。）この粘土層のこの荷重段階での最終沈下量は　$S_f = 500 \times (1.80 - 1.65)/1.80 = 41.7$cm。従って，圧密度が60%における沈下量$S_{60} = 41.7 \times 0.6 = 25.0$cmとなる。

98

第6章

土のせん断強さ

第6章　土のせん断強さ

　地盤も建物を作るのに用いる木，鉄やコンクリートなどと同じように一種の構造材料である。材料力学で学んだように，値の大小はあっても，木，鉄やコンクリートなどは「せん断，曲げ，引張り，圧縮」の4つの強度成分を持っている。しかし，土は土粒子と間隙から構成されている（つまり完全な連続体ではないため）ことから容易に推察できるように，「曲げと引張りの強さ」は持っていない。見かけ上，地盤は構造物を圧縮で支持している。ところで，通常の建物荷重の範囲では土粒子自体が圧縮で破砕し，それが原因で地盤が破壊することはほとんどない。地盤上に建物を建造すると，建物の荷重が地盤の中に伝わり，地盤中に相応のせん断応力が発生する。一方，地盤にはそれぞれの条件下でのせん断強さがあって，建物荷重により地盤中に発生したせん断応力と対峙する。地盤のせん断強さがせん断応力に勝れば，地盤は破壊せずに建物を支持できることになる。以上の説明からわかるように他の構造材料とは異なり，地盤は事実上「せん断強さ」しかもたない。それで，この章のタイトルも「土のせん断強さ」となった。ここで，「それぞれの条件の下での強さ」と言ったのは，同じ地盤でも，そのせん断強さは1つではなく，これから説明するように，荷重速度，拘束圧，排水条件などによりさまざまな強さを示すからである。本章ではこのような地盤のせん断強さについての考え方とその求め方について説明する。

6.1

ダイレタンシー特性と過剰間隙水圧

6.1.1　ダイレタンシー特性

　土は土粒子が作る骨格構造と周辺の間隙から構成されている。このような土をせん断すると図6.1.1に示すように，粒子の移動により，せん断変形のみならず，体積変化も生じる。図からわかるように，ゆるい地盤は体積が縮小し，密な地盤は体積が膨張する。せん断に伴うこのような体積変化をダイレタンシー

100

という。これはReynolds（レイノルズ，1885）により初めて提唱された[22]。この性質はコンクリートや鋼材にはない土特有な性質である。そして，この特性によって土のせん断強さは大きな影響を受ける。

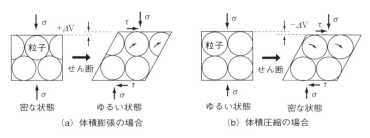

(a) 体積膨張の場合　　(b) 体積圧縮の場合

図6.1.1　土のせん断に伴う体積変化の様子

6.1.2　外的荷重による過剰間隙水圧

飽和した地盤に建物などの荷重 ΔP が載荷されると，地盤内の応力が変化する（図6.1.2）。応力変化が非排水条件のもとで生じると，地盤中には間隙水圧が発生する。この水圧は地盤中にある地下水の自重による間隙水圧（静水圧という）とは発生メカニズムが異なるので，通常区別して過剰間隙水圧という。3.4節で説明したように，地表の載荷による地盤中の応力増分は鉛直方向と水平方向で異なるのが普通である（$\Delta \sigma_v \neq \Delta \sigma_h$，図6.1.2（b））。そして，その応力変化を図6.1.3に示すように等方的な応力変化の部分（$\Delta \sigma_h$）と異方的な応力（せん断応力）変化の部分（$\Delta \sigma_v - \Delta \sigma_h$）とに分けて考えるとわかりやすい。

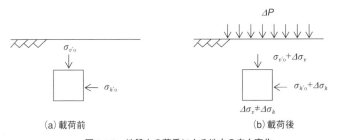

(a) 載荷前　　　　　　(b) 載荷後

図6.1.2　地盤上の荷重による地中の応力変化

第6章 土のせん断強さ

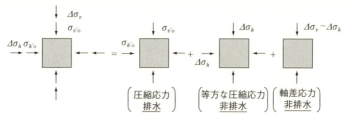

図6.1.3 応力変化の成分

(1) 等方応力による過剰間隙水圧

外部から等方の全応力 σ (図6.1.3では $\Delta\sigma_h$ に相当) が飽和地盤に非排水状態で加わったときに発生する過剰間隙水圧 (u) について考えてみよう。飽和土は土粒子が作る骨格と間隙水から構成されている。土の骨格の体積圧縮率を S_b、σ' の等方な有効応力のもとに土の骨格の体積 V が ΔV だけ圧縮したとすると、6.1.1式が成り立つ。

$$\frac{\Delta V}{V} = S_b \sigma' \qquad 6.1.1$$

一方、過剰間隙水圧を u、飽和土の間隙率を n、水の体積圧縮量を ΔV_w、水の体積圧縮率を S_w、土粒子の体積圧縮量を ΔV_s、土粒子の体積圧縮率を S_s とすると6.1.2式が成り立つ。

$$\frac{\Delta V_w}{nV} = S_w \cdot u, \quad \frac{\Delta V_s}{(1-n)V} = S_s \cdot u \qquad 6.1.2$$

いま、非排水状態であるため、外部から圧縮応力を受けても飽和土からの水の出入りはない。つまり、$\Delta V = \Delta V_w + \Delta V_s$ でなければならない。6.1.1式と6.1.2式とから6.1.3式が成り立つ。一方、有効応力の原理から6.1.4式が成り立つ。

$$VS_b \sigma' = nV S_w \cdot u + (1-n) V S_s \cdot u \qquad 6.1.3$$

$$\sigma = \sigma' + u \qquad 6.1.4$$

6.1.4式を6.1.3式に代入して、過剰間隙水圧 u について解けば、6.1.5式が求まる。

$$u = \frac{1}{1 + n\dfrac{S_w}{S_b} + (1-n)\dfrac{S_s}{S_b}} \sigma \qquad 6.1.5$$

$$\frac{u}{\sigma} = B = \cfrac{1}{1 + n\cfrac{S_w}{S_b} + (1-n)\cfrac{S_s}{S_b}} \qquad\qquad 6.1.6$$

そして，等方な全応力 σ とそれによって発生した過剰間隙水圧 u の比Bは6.1.6式で表される。このBは間隙圧係数Bと呼ばれている。6.1.5式は等方な全応力 σ により，飽和地盤に生じる過剰間隙水圧を与える理論式である。ところで，表5.1.1に示すように，S_w/S_b は約100分の1以下の値であり，S_s/S_b は約1000分の1以下，通常の土で n は0.3〜0.7の範囲にあることを考えると，$n\cdot S_w/S_b$ と $(1-n)\,S_s/S_b$ はいずれも100分の1以下となる。工学的に見て，$n\cdot S_w/S_b$ および $(1-n)\,S_s/S_b$ は1に対して無視できる。第5章において，土粒子及び水の圧縮性は無視できると説明した。つまり，非圧縮性であると説明した背景はこのような数値的な裏付けによるものである。したがって，飽和した地盤が非排水状態で等方応力を受けたときの間隙圧係数Bはほぼ1であると考えてよい。これはとりもなおさず $u=\sigma$ とみなしてよいことを意味する。以上の説明により，土の骨格の体積圧縮率に比べて水の体積圧縮率や土粒子の体積圧縮率が無視できるくらいに小さいため，非排水状態では等方的に加えられた応力はほとんどが間隙水で持たれ，その分だけ，間隙水圧が発生する。その値は6.1.5式で与えられる。そして，6.2節に説明するせん断試験において，試料の飽和度の確認にこの性質が利用されている。つまり，非排水状態で試料に等方応力 σ を加えて，そのとき発生する過剰間隙水圧 u を測定して，u/σ で求めた間隙圧係数Bの値が1に近ければ，試料はほぼ飽和していると考えている。通常B値が0.95以上であれば試料は飽和であると見なしている。

(2) せん断による過剰間隙水圧

土はせん断されると体積変化が生じるダイレタンシー特性があることをすでに述べた。そして，せん断時の載荷速度と土の透水特性との関係から排水条件と非排水条件があることも説明した。いま，飽和土を非排水状態でせん断すると，土は排水できないため，過剰間隙水圧が発生する。後ほど示すように，排水状態での体積変化（圧縮）と呼応して緩い砂や正規圧密粘土はせん断に伴って正の過剰間隙水圧が発生し，密な砂や過圧密粘土は負の過剰間隙水圧が発生する。

第6章 土のせん断強さ

以下に，図6.1.3において$\Delta\sigma_v - \Delta\sigma_h$の軸差応力によるせん断によって過剰間隙水圧が発生するメカニズムについて考えてみる[18]。前節で説明したように，等方応力σで圧密された緩い飽和土がせん断応力τを受けたとしよう。排水状態で等方応力を受けると，土は圧縮される。そのときの土の体積と受けた圧縮応力の関係は第5章で説明した圧密現象と基本的には同じなので，図6.1.4のA→Bのようになる。B点でさらに圧密応力を増加すれば，体積はそのまま減少して，C点に至る。一方，C点において，等方の圧縮応力を除荷すると，飽和土の体積は膨張する。しかし，土は弾性体ではないので，圧縮応力が元のレベルに戻っても，体積には残留変形が現れて，完全には元通り（C→B→A）には戻らない。除荷時の圧縮応力－体積関係は通常C→D→Eのように現れる。いま，この緩い飽和土はB点にあるとしよう。そして，排水状態でせん断応力τを受けると，等方の圧縮応力は変化することなく，体積圧縮が生じる。これは図6.1.4で言えば，B点からD点へと移動したことになる。ところで，実際は非排水状態でせん断されるので，体積変化は起こりえない。何らかの方法により排水状態であれば生じているはずのこの体積圧縮量（$\overline{BD}$）をそれだけ戻す（膨張させる）ような応力の変化がないといけない。このことを可能にするのは排水状態での等方の圧縮応力に相当する量だけ除荷することである。図6.1.4で言えば，D点からE点まで等方の圧縮応力を除荷すれば，せん断によるダイレタンシーに起因した体積圧縮量（$\overline{BD}$）は元に戻ることになる。しかし，実際は等方の圧縮応力は不変であるので，飽和土において除荷する等方の圧縮応力に相当する量の過剰間隙水圧が発生することで，このことが可能になる。このように，非排水状態でのせん断に伴う過剰間隙水圧の発生が説明される。

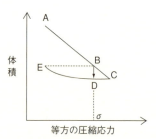

図6.1.4 圧縮応力及びせん断応力と体積変化の関係

本節の今までのような説明に基づき，Skempton（スケンプトン）は1954年に，図6.1.3に示すように，非排水状態において，外的荷重$\Delta\sigma_v$と$\Delta\sigma_h$によって，地盤中の土要素に生じる過剰間隙水圧uを6.1.7式で表すことを提案した[23]。

$$u = B\Delta\sigma_h + A(\Delta\sigma_v - \Delta\sigma_h) \qquad\qquad 6.1.7$$

なお，既に説明したように，試料が飽和していれば$B \fallingdotseq 1.0$なので，6.1.7式は6.1.8式のように表すことができる。

$$u \fallingdotseq B\left[\Delta\sigma_h + A(\Delta\sigma_v - \Delta\sigma_h)\right] \qquad\qquad 6.1.8$$

この式は今日においても過剰間隙水圧の表現式として最も広く用いられている。この式中のAは"間隙圧係数A"と呼ばれている。このAの値は土が同一であっても，加えられるせん断応力の大きさや載荷速度によって値が異なる。土の破壊時でのAの値は特にA_fと表示して，代表的な土のA_fの値は表6.1.1に示されている。

表6.1.1　粘土の破壊時の間隙圧係数A_f[24]

鋭敏な粘土	$0.75\sim1.5$
正規圧密粘土	$0.5\sim1.0$
締固めた砂質粘土	$0.25\sim0.75$
締固めた粘土まじり礫	$-0.25\sim0.25$
やや過圧密の粘土	$-0.5\sim0$
非常に過圧密の粘土	$-2.0\sim-1.0$

6.2

せん断試験と土の破壊基準

地盤はせん断強さのみをもっていることを6.1節で述べた。本節では地盤のせん断強さを求める方法について述べる。土のせん断強さを求める方法は大別すると，原位置で直接土をせん断する試験方法と原位置から採取した土試料を用いた室内試験方法とがある。室内試験方法としては，直接せん断試験と間接

第6章 土のせん断強さ

せん断試験とがある。本書では，直接せん断試験方法としては土の圧密定圧一面せん断試験方法（JGS 0561），間接せん断試験方法としては三軸圧縮試験及び一軸圧縮試験法について説明する。原位置試験方法については他の専門書を参照されたい。

6.2.1 一面せん断試験とクーロンの破壊基準

図6.2.1は土の圧密定圧一面せん断試験に用いる試験機の例である。上下二つに分かれたリング状のせん断箱のうち，下部の箱を固定して，その中に土試料を円板状（断面積：A）に整形して入れる。上部の箱をかぶせ，適切な垂直応力σ（垂直方向に供試体を抑える応力，$\sigma =P/A$）を加えた後，上部の箱に水平方向にせん断応力（$\tau =S/A$）

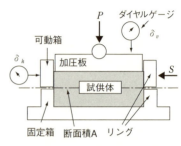

図6.2.1　一面せん断試験機の例

を加えると，図6.2.2に示すようなせん断応力とせん断変位（水平変位δ_h）の関係が得られる。せん断応力がある値に達すると土試料のせん断抵抗が次第に低下しながら水平変位だけが急激に進む。やがて，土試料は上下二つのせん断箱の境界（せん断面）でちぎれてしまい，この状態で土はせん断破壊したのである。このときのせん断応力が土のせん断強度（τ_f）と呼ばれている。ところで，同じ土試料について上部の箱に加える垂直応力を変化させて実験すると，図6.2.2に示すようにせん断強度は変わる。垂直応力が大きくなるにしたがって，せん断強度も増大する。このことは，土のせん断強度はせん断面に働く垂直応力に依存していることを示している。このように，垂直応力をいくつか変化させて，求めたせん断強度をせん断応力と垂直応力の関係で示すと図6.2.3のように一本の直線のようになる。この直線は土がせん断破壊するときのせん断応力と垂直応力の関係を示すもので，6.2.1式によって表される。

$$\tau = c + \sigma \tan\phi \qquad 6.2.1$$

ここで，cは直線の縦軸切片で粘着力，ϕは直線の勾配でせん断抵抗角と呼ばれる。この2つの値は土の強度定数とも呼ばれる。なお，ϕは長い間「内部

摩擦角」と呼ばれてきたが，近年地盤工学会では地盤強度の本質はせん断強度であることに鑑み，「せん断抵抗角」と呼称を変更されたので，本書もその考えに従った。6.2.1式はCoulomb（クーロン）の式と呼ばれ，1779年にクーロンによって示され，土の破壊を論ずる上での基本的な式である。

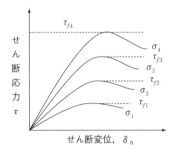
図6.2.2　せん断応力－せん断変位関係に及ぼす垂直応力の影響

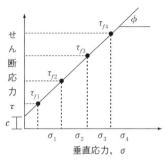
図6.2.3　クーロンの破壊基準

6.2.2　三軸圧縮試験と一軸圧縮試験

（1）三軸圧縮試験

土のせん断強さを求めることは，6.2.1式における二つの強度定数（c, ϕ）を求めることに他ならない。この二つの強度定数を求める方法として最も広く知られているのは三軸試験機を用いる方法（「土の圧縮試験方法」（JGS 0521～0524））である。この試験では図6.2.4（a）に示す地盤中の土要素を模倣した円

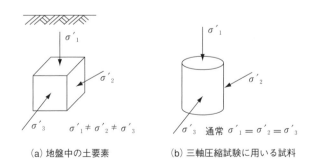

(a) 地盤中の土要素　　　(b) 三軸圧縮試験に用いる試料

図6.2.4　三軸圧縮試験での原地盤応力状態の再現

第6章　土のせん断強さ

柱形の土試料（図6.2.4（b））の円筒面と上下面に垂直な方向に所定の応力
（σ'_1，σ'_2およびσ'_3）を加えて土要素の原位置での応力状態を再現したのち，
σ'_1方向に外的荷重を軸荷重として載荷して土要素をせん断し，せん断強度を
求める。試料の大きさは土の種類により異なり，普通粘性土で直径3cm，砂質
土で直径5cm，礫質土で直径10～30cm，高さは直径の2倍以上である。「三軸」
という言葉は荷重方向が上下方向（σ'_1）と直行水平2方向（σ'_2，σ'_3）から
来ているが，通常の三軸試験機では，直交する水平2方向は土試料の円筒面に
働く垂直応力で同じ値である（$\sigma'_2 = \sigma'_3$）。

（a）圧密排水三軸圧縮試験（CD試験）（JGS 0524）[7]

　飽和砂を例に，図6.2.5を参考にしながら強度定数cとϕを求める三軸圧縮試
験の手順の概略について説明する。試験はまず薄いゴム膜で覆われた土試料の
全周面に$\sigma'_1 = \sigma'_2 = \sigma'_3$なる応力を加えて，土要素が地盤中で受けていた応力状
態を再現する（図6.2.5（b））。これをせん断試験における「圧密」という。薄
いゴム膜の強度は無視できるぐらいに小さい。しかし，しっかりした不透水性
を持ち，拘束圧がかかっても，ゴム膜を介してセル内の水が土試料に浸透する
ことがないようにしなければならない。σ'_3なる応力は初期有効拘束圧と呼ば
れる。実地盤中では通常図6.2.4（a）に示すように，$\sigma'_1 \neq \sigma'_2 \neq \sigma'_3$であるが，
三軸試験では便宜上$\sigma'_1 = \sigma'_2 = \sigma'_3$としている。そして，$\sigma'_3$の代表的な値と
して，土要素が原位置で受けていた有効上載圧（σ_v'）が通常用いられる。

　三軸試験では図6.2.5（a）に示すように三軸圧力室（セル）と呼ばれる容器
に水を満たして，そしてセルの水に空気圧を加えて（セル圧），水を介して土
試料に拘束圧が加えられる。砂質土は透水係数が大きく，排水状態で圧密され
るので，圧密によって土試料から間隙水が排水できるように，ビューレットに
通じるバルブを開き，圧密量はビューレットの目盛から読みとることができる。
ビューレットの読み取り量から体積変化量を正しく求めるためには，試料を十
分飽和しておく必要がある。試料の飽和度を確保するため，しばしば初期有効
拘束圧σ'_3に影響を与えないように供試体にバックプレッシャー（背圧，水圧）
をかけることがある。つまり，適切なバックプレッシャーを試料にかけた上で，
有効応力の原理に従い$\sigma' = \sigma - u = $一定であるように適切に$\sigma$を調整して行
う。バックプレッシャーをかける理由は供試体の中の気泡の体積を無視できる

くらいに小さくするためである。圧密終了後，土試料の鉛直軸方向に増加応力（$\sigma'_1 - \sigma'_3$）を加えて土試料がせん断破壊するまで載荷する。砂は透水係数が大きく，せん断に伴う体積変化によって生じる供試体の間隙水の排出や吸引が可能なように，ビューレットに通じるバルブは開いた状態（排水状態）でせん断される。増加応力（$\sigma_d = \sigma_1 - \sigma_3 = \sigma'_1 - \sigma'_3$）は鉛直軸と水平軸の応力の差という意味で，軸差応力と呼ばれる。せん断試験中，円筒面に働いているσ'_3なる有効拘束応力は一定である。三軸試験の場合，土試料の円筒面も上下面もせん断応力は働いていないので主応力面である。通常鉛直軸方向の応力が

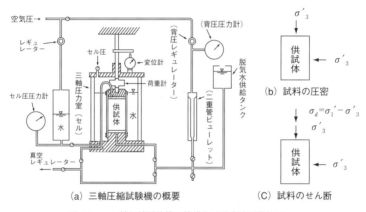

図6.2.5 三軸圧縮試験機の機構と試験方法手順概要

大きいので最大主応力σ_1となり，円筒面の応力は最小主応力σ_3となる。砂試料についてのこのような形式の試験を圧密排水三軸圧縮試験（CD試験）という。

図6.2.6は圧密排水三軸圧縮試験結果の例である。図6.2.6（a）は縦軸は軸差応力（$\sigma_1 - \sigma_3$）で，横軸は軸ひずみ（ε_1）である。軸ひずみは軸差応力によって生じる軸変位Δhを試料の初期高さh_0で除した値で定義される。図からわかるように，軸差応力の増大とともに軸ひずみが大きくなる。そして，軸差応力はある値でピークを示し，その後は軸差応力が低下しているのに，軸ひずみがどんどん進行する。つまり，この時点で地盤はせん断破壊したのである。このような実験をσ'_3の大きさを変えていくつか実施した結果が図6.2.6に示されている。図からわかるように，一面せん断試験の結果と同様に拘束圧σ'_3が大きくなると破壊時の軸差応力（$(\sigma_1 - \sigma_3)_f$）も大きくなる。つまり，せん断強

度には拘束応力依存性がある。軸差応力の半分がせん断応力となることはすでに説明した。ここで，各 σ'_3（$\sigma'_{31}, \sigma'_{32}, \sigma'_{33}$）における破壊時のモールの応力円を $\tau-\sigma$ 座標軸上に描くと図6.2.7のようになる。τ はせん断応力で，$(\sigma_1-\sigma_3)/2$ となる。σ' はせん断面に働く垂直応力である。σ'_3 が大きくなると破壊時のモールの応力円の直径も大きくなる。そして，破壊時のモールの応力円の左端から試料が破壊するときのすべり面のなす角 α_f で直線を引き，応力円との交点をAとすると，A点が破壊条件を満たしていることになる。このようにして，求めた複数の破壊点（A_1, A_2, A_3）を直線で結んだのが破壊基準ということになる。ところが，一般にすべり面のなす角度 α_f を精度よく求めることが困難であること，そして，実験において滑り面がはっきり認められない場合もよくあることから，通常は破壊時のモールの応力円を包絡する直線を求めて近似的に破壊基準としている。これがクーロンの破壊基準にほかならない。これをモール・クーロンの破壊基準という。したがって，この直線の縦軸切片は粘着力 c であり，直線の勾配はせん断抵抗角 ϕ である。排水せん断試験で得られる ϕ を特に ϕ_d と表す。

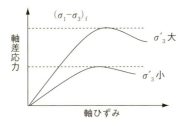

(a) 軸差応力－軸ひずみ関係に及ぼす拘束圧の影響

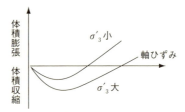

(b) 排水せん断における体積変化に及ぼす拘束圧の影響

図6.2.6　砂質土試料の圧密排水三軸圧縮試験結果模式図

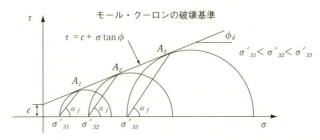

図6.2.7　破壊時のモールの応力円とモール・クーロンの破壊基準（CD試験）

ところで，土はせん断に伴って，せん断ひずみの他，体積変化が生じるというダイレタンシー特性を示すことを既に述べた。砂試料の圧密排水せん断試験中の体積変化の様子を示したのが図6.2.6（b）である。せん断の初期では体積圧縮を示し，ひずみが大きくなると体積膨張に転ずる。試料の密度が同じであれば，拘束圧が大きい場合の方が体積の収縮量が大きいことがわかる。そして，拘束圧が同じであれば，緩い試料は体積収縮し，密な試料は体積膨張する傾向が見られる。体積変化の方向と量は試料の密度と拘束圧の大きさに影響される。

図6.2.8において，モールの応力円は破壊包絡線に接しているので，破壊時の主応力 σ_{3f} と σ_{1f} は強度定数 c と ϕ_d とに関係付けられる。図6.2.8に示すように，直角三角形ABOに着目すると6.2.2式が成り立つ。ところで，図6.2.8は土試料がある応力状態 σ_{1f}，σ_{3f} のもとで破壊状態に達したことを示しているが，土試料のすべての面で破壊状態になっていることを示しているのではない。図6.2.8で言えば，A点に相当する応力状態が破壊条件を満たしている。ここで，このA点の応力状態，つまりその座標（σ, τ）は6.2.3式および6.2.4式で表される。

$$\left(c \cdot \cot\phi_d + \frac{\sigma_{1f} + \sigma_{3f}}{2}\right)\sin\phi_d = \frac{\sigma_{1f} - \sigma_{3f}}{2} \qquad 6.2.2$$

$$\sigma = \frac{\sigma_{1f} + \sigma_{3f}}{2} - \frac{\sigma_{1f} - \sigma_{3f}}{2}\sin\phi_d \qquad 6.2.3$$

$$\tau = \frac{\sigma_{1f} - \sigma_{3f}}{2}\cos\phi_d \qquad 6.2.4$$

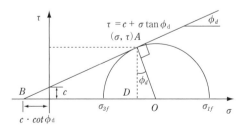

図 6.2.8　破壊時の主応力と強度定数 c, ϕ の関係

第6章 土のせん断強さ

　透水係数の大きい砂質土は建物を建造するような載荷速度では，せん断中に間隙水の出入りは可能である。したがって，そのような載荷応力状況のもとでのせん断強度を求めるときは今まで説明した圧密排水三軸圧縮試験により行われる。しかし，砂質土でも，地震荷重のように1秒間に数回や十数回というような速い載荷速度では非排水条件でせん断試験を実施する必要がある。いわゆる砂質土の液状化試験については6.3.2節で改めて説明する。

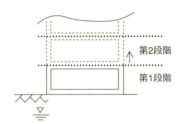

図6.2.9　粘土地盤に建物建造による地盤の「圧密」
および「せん断中の排水条件」

(b)　圧密非排水三軸圧縮試験（CU試験）（JGS 0522）[7]

　今，粘土地盤に順次建造される建物の荷重を複数の段階に分けて考えてみよう（図6.2.9）。長い間に圧密が完了しているこの敷地地盤に第1段階の建物荷重が載荷される場合は，「圧密」した後の状態でせん断されることになる。この状態の粘土地盤の安定性評価のために，地盤のせん断強度を求めるために行うのが「圧密非排水試験」である。実際の試験では，飽和した試料に通じるバルブを開いて（排水状態にして），所定の応力で圧密する（原位置の応力状態の再現）。そののち，軸差応力を加えてせん断するが，透水係数の小さい粘性土では砂地盤とは異なって，非排水状態でせん断される。これを圧密非排水せん断試験という。

(c)　非圧密非排水三軸圧縮試験（UU試験）（JGS 0521）[7]

　一方，第1段階の荷重は第2段階のせん断にとっては，地盤の圧密としての役割もある。つまり，第1段階の荷重により，地盤中の応力状態が変化して，新たな応力状態になる。その後に第2段階の荷重が載荷される。ところが，粘土地盤は透水係数が小さいため，建物建造による荷重増加のような載荷速度のもとでは，第1段階の建物建造が終了した時点ではその荷重による地盤の圧密

は完了していないと考えた方がよい。そのような状態で第2段階の建物建造に伴う粘土地盤の安定性評価に際して，地盤のせん断強度を求めるために行うのが「非圧密非排水試験（UU試験）」である。この状態が地盤にとってはもっとも危険な状態である。実際の実験では，飽和した試料に通じるバルブを閉めて（非排水状態にして），等方応力を加えて，引き続き軸差応力を加えてせん断する。

三軸圧縮試験におけるこれら3つの圧密・排水条件のための操作を図6.2.10にまとめて示した。

排水条件		圧密排水せん断試験（CD試験）	圧密非排水せん断試験（CU試験）	非圧密非排水せん断試験（UU試験）
試験の方法	圧密時 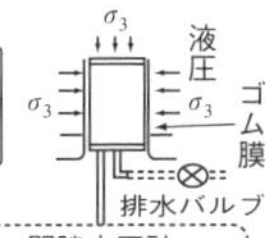	排水バルブ→開 間隙水の排出をゆるし，圧密を終了させる。	排水バルブ→開 間隙水の排出をゆるし，圧密を終了させる。	排水バルブ→閉 圧密時，せん断時のどちらも間隙水の排出をゆるさないで行う。
	せん断時 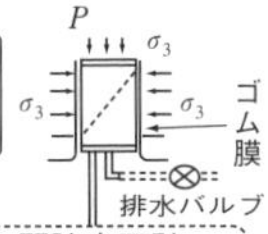	排水バルブ→開 圧密終了後，間隙水の排出をゆるし，過剰間隙水圧が発生しないように，遅い速度でせん断する。	排水バルブ→閉 圧密終了後，間隙水の排出をゆるさないでせん断する。（過剰間隙水圧 u の測定を行う）	排水バルブ→閉

CU試験で過剰間隙水圧 u を測定する場合は，$\overline{CU}$ 試験という。

図6.2.10 三軸圧縮試験における圧密および排水条件[25]

(2) 一軸圧縮試験（JIS A 1216）[7]

三軸圧縮試験において，拘束圧をゼロとした試験が一軸圧縮試験である。拘束圧がないため，この試験は試料が自立できる粘土にしかできない（粘着力のない砂試料ではできない）。そして，一軸圧縮試験では三軸圧縮試験とは違って，試料にはゴム膜を装着しない。試料が飽和していれば，粘性土であるため透水係数が小さいので，通常の載荷速度のもとでは試料にゴム膜をかけなくとも事実上非排水状態になっている。拘束圧がゼロなので破壊時のモールの応力円は図6.2.11に示すように，原点を通る。非排水せん断強度 S_u は円の半径となり，一軸圧縮強度 q_u の半分となる。三軸圧縮試験に比べて，試験が簡単

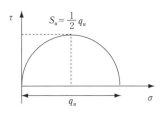

図6.2.11 一軸圧縮試験におけるモールの応力円

であるため,粘性土の非排水せん断強度を求めるのに広く行われてきた。しかし,試料が飽和していなければ,あるいは,なんらかの原因で外部から吸水すると非排水条件を満たしていないことになり,得られる非排水せん断強度は過大評価になっている可能性があるので,注意する必要がある(9.3.1節参照)。

6.2.3 応力経路

試料のせん断中の応力状態の変化は排水せん断試験を例に図6.2.12に示すようにモールの応力円の変化として表すことができる。しかし,その表示は大変煩雑になる。ここで,せん断試験中の試料の応力状態を図6.2.12に示す任意のモールの応力円の頂点Aにおける応力状態,つまり,平均の拘束応力($\sigma = (\sigma_1 + \sigma_3)/2$)と最大のせん断応力($\tau = (\sigma_1 - \sigma_3)/2$))で代表して,モールの応力円の変化をこの代表点の応力状態の変化として表示すると大変便利である。このような点Aの変化の様子を応力経路という。図6.2.13の実線は圧密非排水せん断試験において砂質土試料に加えられた全応力による応力経路を表示したものである。非排水状態でのせん断試験ではせん断中に過剰間隙水圧が発生するので,全応力からこの過剰間隙水圧を引いた有効応力で応力経路(図6.2.13の破線)を表示することもできる。なお,(σ, τ)座標上における破壊包絡線の傾きの角度 β は図6.2.8に示すせん断抵抗角 ϕ との間に6.2.5式が成り立つ。

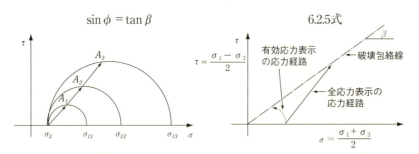

図6.2.12 モールの応力円による排水せん断中の応力状態の変化の表示

図6.2.13 砂の圧密非排水三軸圧縮試験における応力経路

6.3 砂のせん断強さ

6.3

砂のせん断強さ

6.3.1 せん断抵抗角と粘着力の評価

6.2.1節で説明したように，土の破壊状態はモール・クーロンの破壊基準で表される。砂のせん断強さを求めることは具体的には強度定数であるせん断抵抗角ϕ_dと粘着力cを求めることになる。そして，対象地盤から不攪乱試料を採取し，6.2.2節で示したような室内試験を行ってそれらを求めるのが一番確実な方法である。しかし，これにはそれなりの費用と時間がかかるため，一つの敷地で力学試験を実施するための試料採取は平面的には1箇所程度が通常である。そして，地盤の不均一性を考えると，1箇所で精度のよい結果を求めるよりも，精度は及ばないが複数の地盤情報があったほうがよいというような考えから，実務では，しばしば1.6.2節に示した標準貫入試験のN値を用いて，過去のデータに基づく経験式により推定することが行われる。日本のみならず，外国においても，ϕ_dとN値を結びつける経験式は各種提案され，用いられてきた。そして，それらの経験式に共通な特徴は，N値を直接ϕ_dと結びつけている点である。しかし，モール・クーロンの破壊基準を見てわかるように，ϕ_dは$\Delta\tau/\Delta\sigma$に比例しており，せん断強度を拘束応力σで除した値に関連がある。一方，N値は地盤のせん断強度と関連が深い指標の1つとして考えられているが，N値も拘束圧の影響を受けることは図6.3.1に示すGibbs ＆ Holtzの室内試験結果で明らかである[26]。また，このようなことは実地盤でもしばしば観察される。図6.3.2の例では深さ10m～20mの砂礫層のN値が，砂礫層上部にあった砂層の排土により，有効拘束圧が大幅に低減している。掘削前のN値について図6.3.1の関係を用いて拘束圧の影響を補正することによって掘削後のN値をほぼ説明できている[27]。このような考えに基づき，N値ではなく，6.3.1式に基づいてN値を拘束圧の影響を反映したN_1値に変換してϕ_dと結びつける6.3.2式に示す経験式が近年提案された[28]。図6.3.3に6.3.2式とそのバックデータを示している。

115

第6章 土のせん断強さ

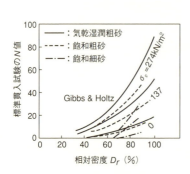

図6.3.1 Gibbs & Holtzの実験結果[26]

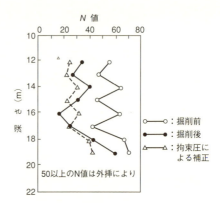

図6.3.2 表層10mの排土によるN値の低減と拘束圧による補正の例[27]

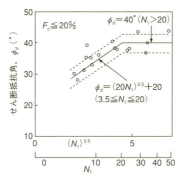

図6.3.3 N_1値とϕ_dの関係[28]

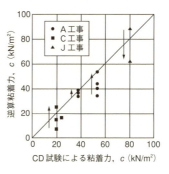

図6.3.4 実測土圧から逆算したcとCD試験で求めたcとの比較[29]

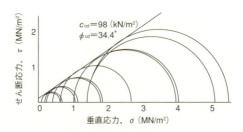

図6.3.5 不攪乱砂礫試料のCD試験で求めたcとϕ[30]

116

6.3.2式は建築基礎構造設計指針（2001年）に用いられている[1]。

$$N_1 = N/\sqrt{\sigma_v'/98} \qquad \sigma_v : \mathrm{kN/m^2} \qquad\qquad 6.3.1$$

$$\phi_d = \sqrt{20N_1} + 20 \quad (3.5 \leqq N_1 \leqq 20) , \ \phi_d = 40° \quad (N_1 > 20) \qquad 6.3.2$$

　湿った砂を用いれば砂団子を作ることができ，しかし，この砂団子を水に浸すと砂団子はばらばらな砂に戻る。砂団子ができたのは，表面張力による見かけの粘着力であり，砂に固有の粘着力ではない。砂質土の粘着力については，①粘性土に比べてずっと小さいこと，②真の粘着力とみなしてよいかどうかの根拠がはっきりしにくいこと，および③粘着力を見込まない方が砂質土のせん断強度を安全側に評価することになることなどから，基礎設計の実務では，通常砂質土の粘着力はゼロであると処理していることが多い。

　一方，図1.4.1に示すように，堆積土が続成作用を経て砂岩に変化していく過程で，粘着力 c を持つことは充分考えられるし，実際そう考えた方が実現象を合理的に説明できる場合がある。図6.3.4は洪積の砂質土が山留め壁に及ぼす土圧の測定結果を合理的に説明するためには洪積砂質土はゼロではない粘着力を持つとの推論に立ち，その検証を試みた検討結果である[29]。各根切りの施工段階に応じて根切り底からブロック試料を採取して，CD試験を実施し，モール・クーロンの破壊基準により求めた粘着力 c の値と土圧の測定結果とCD試験で求めた ϕ_d の値から推定した c の値とよい相関があったことを示した。なお，図6.3.4の縦軸の逆算粘着力の求め方については，第7章の土圧のところで説明する。そして，図6.3.5は明石海峡大橋の橋脚基礎を支持する洪積砂礫地盤について，不攪乱試料を採取し，CD試験を実施して求めた ϕ_d と c である。その値はそれぞれ34.4°と98kN/m²であり，これらの値をベースに設計され，無事に橋脚が竣工している[30]。これらはいずれも砂質や礫質地盤が粘着力 c を持つことを示したものである。しかし，少なくとも現時点で実務では，堆積年代の若い沖積砂層や埋立砂層については $c \fallingdotseq 0$ とすべきであろう。

6.3.2　飽和砂の液状化

（1）液状化のメカニズム

緩い砂質地盤には大きな弱点があることが1964年の新潟地震時に観察された

「液状化現象」で明らかとなった。図6.3.6は，わが国が過去において地震時に生じた液状化の分布を示したものである（若松，1989）[31]。古文書資料の研究などから，液状化現象の発生はどうやら7世紀頃までさかのぼって確認することができるようである。鴨長明の名作『方丈記』の中にも次のような一節があり，地震による地盤の液状化や津波による被害の描写であることは明らか。「山はくづれて川をうづみ，海はかたぶきて陸地をひたり，土裂けて水わきいで…」。図6.3.7は1588年に関西地方で発生した地震によって生じた地盤の液状化現象と推定された地層断面の写真である。ある工場の建替に伴う文化財調査の際，この地層断面が発見され，地層中の陶器類から16世紀末のものであることが判明した。写真の比較的白い部分が砂層で，黒い部分が粘性土層である。下部の砂層が液状化し，上向きの浸透流により，3層の薄い粘性土層が突き破られ，最上層の粘土層で浸透流がとまった様子がよくわかる。ところで，図6.3.6からわかるように，液状化の発生場所は微地形的に見ればほとんどが平野

図6.3.6　わが国の液状化地盤履歴（若松，1989）[31]　　図6.3.7　液状化した地盤の断面

6.3 砂のせん断強さ

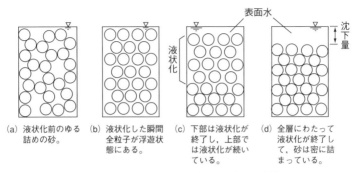

(a) 液状化前のゆる詰めの砂。
(b) 液状化した瞬間全粒子が浮遊状態にある。
(c) 下部は液状化が終了し、上部では液状化が続いている。
(d) 全層にわたって液状化が終了して、砂は密に詰まっている。

図6.3.8 地震による砂地盤の液状化の概念[32]

か盆地である。これは後に説明するように、液状化現象は地下水位以深の緩い砂地盤で発生しやすいからである。

液状化現象は地震の強さと地盤の強さの兼ね合いで発生する。これは、震度が3～4程度では地盤の液状化はほとんど観察されないが、震度5強程度を超えると液状化現象が見られることからもわかる。地震による砂質地盤の液状化のメカニズムは「飽和した緩い砂地盤が地震時に非排水条件（状態）で繰り返しせん断を受けると、過剰間隙水圧が発生し、そして蓄積して、ついには初期の有効拘束圧と同じ値に達する。その結果、有効応力がゼロになり、砂地盤はせん断抵抗を失って、水中に砂が浮かぶような状態になる。」と説明できる。このうち、アンダーラインの部分についても、もう少し説明を加える（図6.3.8参照）。

①非排水条件

6.1.2節で説明したように、砂質土については透水係数が大きく、建物を建造するような載荷速度では排水状態でのせん断と考えてよい。ところが、外的荷重が地震力の場合、その載荷速度は0.1Hz～十数Hzの範囲にあるため、砂質土といえども、事実上非排水状態での繰返しせん断と考えた方がよい。

②過剰間隙水圧の発生と蓄積

緩い飽和砂地盤が排水状態でせん断を受けると、ダイレタンシー特性により体積収縮しようとする。非排水状態の場合、結果的には地盤中に過剰間隙水圧が発生することは6.1.3節で説明した。そして、排水ができない状態なので、発

第6章 土のせん断強さ

図 6.3.9 フィリピン地震（1990）によるRC造建物の沈下・傾倒

図 6.3.10 兵庫県南部地震（1995）によるフェリー埠頭（S造）建物の破壊

図 6.3.11 釧路沖地震（1993）によるマンホールの浮き上がり（内田明彦博士提供）

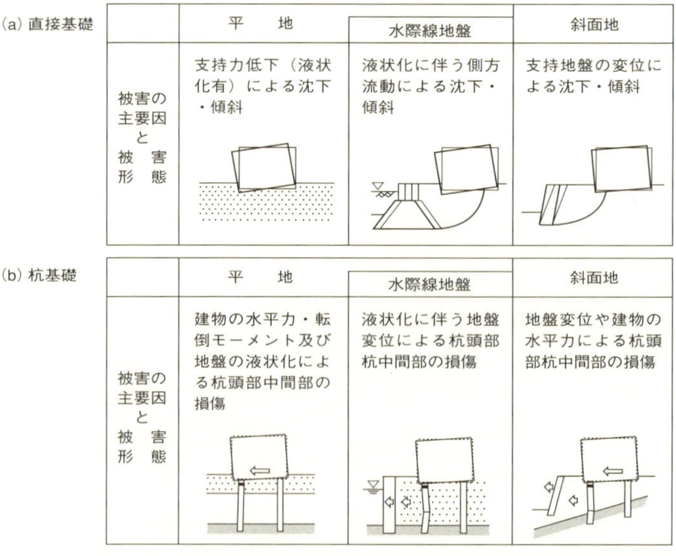

(a) 直接基礎		平　　地	水際線地盤	斜面地
被害の主要因と被害形態		支持力低下（液状化有）による沈下・傾斜	液状化に伴う側方流動による沈下・傾斜	支持地盤の変位による沈下・傾斜

(b) 杭基礎		平　　地	水際線地盤	斜面地
被害の主要因と被害形態		建物の水平力・転倒モーメント及び地盤の液状化による杭頭部中間部の損傷	液状化に伴う地盤変位による杭頭部中間部の損傷	地盤変位や建物の水平力による杭頭部杭中間部の損傷

図 6.3.12 兵庫県南部地震での液状化に起因する地盤及び基礎の被害[33]

120

生した過剰間隙水圧はさらに蓄積していくことになる。

③有効応力がゼロになる

　第3章の有効応力の原理のところで説明したように，有効応力 σ' は間隙水圧 u を介して，全応力 σ と6.3.1式の関係が成り立つ。

$$\sigma = \sigma' + u, \qquad \sigma' = \sigma - u \tag{6.3.1}$$

　過剰間隙水圧の発生および蓄積により，有効応力は次第に低下していく。そして，$u = \sigma$ の状態になれば $\sigma' = 0$ となって有効応力はゼロとなる。一方，6.2節で説明したように，砂地盤のせん断強度は6.3.2式で表される。

$$\tau = c + \sigma' \tan \phi_d \tag{6.3.2}$$

　堆積年代の若い沖積地盤や埋立地盤は $c \fallingdotseq 0$ と考えるべきであることは既に6.3.1節で述べた。つまり6.3.2式は6.3.3式となる。

$$\tau = \sigma' \tan \phi_d \tag{6.3.3}$$

　ここで，過剰間隙水圧の上昇と蓄積により，有効応力 σ' がゼロになれば，地盤のせん断強度は6.3.3式からわかるようにゼロになる。そのため，砂地盤はせん断強度のない水のように変ってしまうことになる。これを液状化という。過去の多くの地震で砂地盤の液状化によるさまざまな被害が見られた。図6.3.9〜図6.3.11は液状化による典型的な被害例である。図6.3.12は1995年の兵庫県南部地震での地盤の液状化による典型的な被害形態を要約したものである（文献33）を要約，一部追加）。

(2) 要素試験による砂地盤の液状化強度の評価

　対象地盤の液状化強度の直接な評価方法は ϕ や c を求めたのと同じように，不攪乱試料を採取して，液状化実験を行う。液状化実験には繰返し三軸試験機か繰返し中空ねじりせん断試験機が用いられる。ここでは実務で広く用いられている繰返し三軸試験について説明する。なお，"繰返し"という言葉については6.5節で説明する。試験装置は基本的には図6.2.5に示す三軸圧縮試験機と同じであるが，繰返し軸差応力が載荷できるようなアクチェエーターがあること，載荷ロッドが試料キャップと連結されていることが必要である。所定の初

第6章　土のせん断強さ

期有効拘束圧（$\sigma_0{'}$）で試料を圧密したのち，非排水条件のもとで，地震力を簡略化した一定振幅のせん断応力（$\tau = \sigma_d/2$，σ_d：軸差応力）を試料に繰返し加えて，供試体が$\sigma_0{'}=0$か，もしくは軸ひずみ両振幅（DA）が5％になるまでの繰返し回数とせん断応力比（$\tau/\sigma_0{'}$）の関係として求める。緩い砂地盤では，$\sigma_0{'}=0$の条件とDA=5％の条件はほぼ対応していることが多くの実験によって知られているので，実務では通常後者の定義で液状化としている。DA＝5％は過去の地震事例において，地盤が液状化を起こす限界のひずみ値とされている。

　図6.3.13は，繰返し三軸試験機を用いた液状化実験結果の例である。一定振幅の繰返せん断応力の載荷により，軸変位が次第に大きくなり，過剰間隙水圧（u）も蓄積していく様子がわかる。この場合，約9.5回の繰返しせん断により，DA=5％になり，過剰間隙水圧比（$u/\sigma_0{'}$）もほぼ1.0になり，試料は液状化したことがわかる。ところで，DA=5％の状態になるまでの繰返しせん断の載荷回数は，加えた繰返しせん断応力の大きさに依存するのは明らかである。そこで，応力振幅を種々の大きさに変化させてDA=5％となる繰返しせん断の回数（N_c）を求め，その結果を繰返しせん断応力比（$\sigma_d/2\sigma_0{'}$）とDA=5％までの繰返しせん断載荷回数（N_c）の関係としてプロットしたのが図6.3.14である。図中の曲線は液状化強度曲線と呼ばれる。地震の主要動における等価の繰返しせん断の回数は大体15～20回であることが地震データに関する研究でわかっているので，実務ではN_c=15～20での繰返しせん断応力比$\tau/\sigma_0{'}=\sigma_d/2\sigma_0{'}$を液状化強度と呼んでいる。図6.3.14より，$N_1$=35の砂地盤は$N_1$=17の砂地盤よりも液状化強度がかなり大きいことがわかる。図6.3.13（b）は繰返しせん断中の軸差応力－軸ひずみ関係を示している。応力振幅一定の繰返しせん断により，軸ひずみが増大して剛性が低減している様子がわかる。また，同じ応力振幅でも軸ひずみは圧縮側よりも伸張側に大きく出ていることがわかる。これは地盤の変形に関する異方性に起因している。図6.3.13（c）は繰返しせん断中の有効応力経路を示している。ところで，6.6節で後述するように，室内要素試験により求められた砂地盤の液状化強度に及ぼす試料採取法の影響は極めて大きい（図6.6.2参照）。実務において要素試験で得られた実験データに基づき液状化を検討する際には試料採取法に十分注意する必要がある。

6.3 砂のせん断強さ

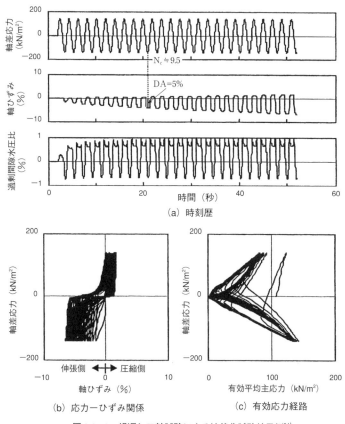

図6.3.13 繰返し三軸試験による液状化試験結果例[34]

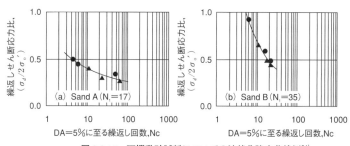

図6.3.14 不攪乱砂試料についての液状化強度曲線例[34]

第6章 土のせん断強さ

図6.3.15は地盤凍結法で採取した砂試料の相対密度（D_r）と液状化強度の関係を示している。図からわかるように，D_rの小さい緩い砂地盤の液状化強度は小さい。そして，$D_r \fallingdotseq 60\%$までは液状化強度はほぼ相対密度に比例して大きくなる。D_rが70%以上になると，液状化強度は急激に増大する[11]。

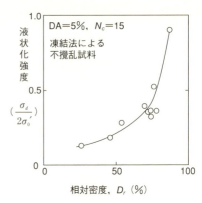

図6.3.15　砂地盤の相対密度と液状化強度の関係[11]

（3）簡易法により砂地盤の液状化強度の推定

室内試験には，サンプリングを含め，一般に多くの労力と費用がかかる。しかし，6.6.3節で後述する理由により，折角費用をかけて試料を採取しても，試料採取方法が適切でないと，得られる結果が実地盤の液状化強度を示しているとは言い難い場合がある。このような理由から，地震時の実地盤の液状化現象についての観察結果と，地盤の物理特性や標準貫入試験のN値をベースに，砂地盤の液状化強度を簡易に評価する方法が提案され，広く用いられている。ここでは，建築基礎構造設計指針（日本建築学会，2001年）において示されているN値をベースとした液状化判定法の概要を紹介する[1]。この方法は時松・吉見の研究成果がベースとなっている[35]。この方法は国内外で発生した地震について，地表最大加速度などの地震に関する情報，地盤データ（粒径，塑性指数，N値など）および被害状況（液状化の有無，程度）をつきあわせて構築されており，そして，凍結サンプリング法で採取した高品質の不攪乱試料の実験結果による検証もされている。

（1）対象とすべき土層

液状化の判定を行う必要がある飽和土層は，一般に地表面から20m程度以浅の沖積層で，考慮すべき土の種類は，細粒分含有率（F_c）が35%以下の土とする。ただし，粘土分（0.005mm以下の粒径を持つ土粒子）含有率が10%以下，または塑性指数が15%以下の埋立あるいは盛土地盤，および細粒土を含む礫や透水性の低い土層に囲まれた礫も液状化の検討を行う。

（2）液状化危険度予測

液状化判定は図6.3.16を用い，以下の手順により行う。

（a）検討地点の地盤内の各深さに発生する等価な繰返しせん断応力比を6.3.4式から求める。

$$\frac{\tau_d}{\sigma_z{}'} = \gamma_n \frac{a_{max}}{g} \frac{\sigma_z}{\sigma_z{}'} \gamma_m \qquad 6.3.4$$

ここに，τ_dは地盤の水平面に生じる等価な一定繰返しせん断応力振幅（kN/m²），$\sigma_z{}'$は検討深さにおける鉛直有効応力（kN/m²），γ_nは不規則な波形をもつ地震波を等価な一定振幅の繰返し回数を持つ地震波に変換する補正係数で0.1（$M-1$），Mはマグニチュード，a_{max}は地表面における設計用水平加速度（cm/s²），gは重力加速度（980 cm/s²），σ_zは検討深さzにおける鉛直全応力（kN/m²），γ_mは地盤が剛体でないことによる低減係数で6.3.5式で与えられる。

$$\gamma_m = 1 - 0.015z \qquad 6.3.5$$

ここに，zはメートル単位で表した地表面からの検討深さである。

（b）対応する深度の補正N値（N_a）を次式から求める。

$$N_1 = C_N \cdot N \qquad 6.3.6$$

$$C_N = \sqrt{98/\sigma'_z} \qquad 6.3.7$$

$$N_a = N_1 + \Delta N_f \qquad 6.3.8$$

ここに，N_1は換算N値，C_Nは拘束圧に関する換算係数，ΔN_fは細粒分含有率F_cに応じた補正N値増分で，図6.3.17による。Nは標準貫入試験（トンビ法または自動落下法）による実測N値とする。

（c）図6.3.16中の限界せん断ひずみ曲線5％を用いて，補正N値（N_a）に対応する飽和土層の液状化抵抗比$R = \tau_l/\sigma_z$を求める。ここに，τ_lは水平面における液状化抵抗である。

（d）各深さでの液状化発生に対する安全率F_lを6.3.9式により計算する。

$$F_l = \frac{\tau_l/\sigma_z{}'}{\tau_d/\sigma_z{}'} \qquad 6.3.9$$

6.3.9式から求めたF_l値が1より大きくなる土層については液状化発生の可能

第6章　土のせん断強さ

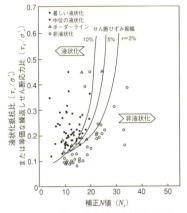

図6.3.16　補正N値と液状化抵抗，動的せん断ひずみの関係[1]

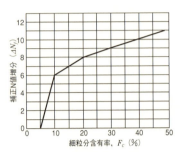

図6.3.17　細粒分含有率とN値の補正[1]

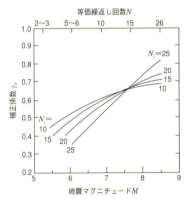

図6.3.18　換算N値，マグニチュード，繰返し回数と補正係数の関係[1]

性はないものと判定し，逆に1以下となる場合は，その可能性があり，値が小さくなるほど液状化発生危険度が高く，また，F_lの値が1を切る土層が厚くなるほど危険度が高くなるものと判断する。

なお，$α_{max}$については建築では1.3節に示す「損傷限界」検討用として150～200 cm/s^2，「終局限界」検討用として350cm/s^{2}程度を推奨している。また，地震応答解析により最大せん断応力比を求める場合は，求めたせん断応力比に6.3.4式中の$γ_n$を乗じて（$τ_d/σ_z'$）として，計算すればよい。さらに，$γ_n$については地震波の有効繰返し回数と地盤密度を考慮して，図6.3.18から決定す

126

6.4 粘土のせん断強さ

ることも可能である。なお，2011年3月の東北地方太平洋沖地震での液状化発生状況による検討の結果，図6.3.18の関係はマグニチュード9の地震にも外挿して適用できることがわかっている。他の詳細については原書を参照されたい。

粘土のせん断強さ

6.4.1 正規圧密粘土

(1) 圧密非排水せん断

圧密降伏応力よりも大きい圧密応力 σ_{30} で圧密したのち，非排水せん断試験を行い，$(\sigma_1 - \sigma_3)_f$ だけ軸差応力を載荷したときに試料が破壊したとすると，破壊時のモールの応力円は図6.4.1に示す実線の円 C_1 で表される。これは全応力で表示したモールの応力円である。モールの応力円の半径 $(\sigma_{1f} - \sigma_{3f})/2$ が非排水せん断強度 c_u である。破壊時に試料には u_f だけの過剰間隙水圧が発生しているとすると，u_f は等方的なので，モールの応力円を u_f だけ左に移動したのが有効応力で表示した破壊時のモールの応力円 C_2（破線で表示）である。このように，正規圧密の応力範囲内でいくつかの異なる大きさの拘束圧 σ_{30} で圧密したのちに非排水せん断試験を行い，得られた有効応力による破壊時のモールの応力円の接線を求めると，正規圧密粘土の場合，原点を通る（$c=0$）直線になる。この直線が正規圧密粘土のモール・クーロンの破壊基準である。直線の傾斜角は通常すでに説明したCD試験で求めたせん断抵抗角 ϕ_d と区別して ϕ' と表す。ここで図6.4.1の三角形OABに着目すると，6.4.1式が成り立つ。非排水せん断強度 c_u は6.4.2式で表されるから，6.4.2式を6.4.1式に代入すると6.4.3式を得る。6.4.3式中の σ'_{3f} は破壊時の過剰間隙水圧係数 A_f を用いて，6.4.4式で表される。6.4.4式を6.4.3式に代入すると，c_u は6.4.5式で表される。

$$\frac{\sigma'_{1f} + \sigma'_{3f}}{2}\sin\phi' = \frac{\sigma'_{1f} - \sigma'_{3f}}{2} \qquad 6.4.1$$

第6章 土のせん断強さ

$$c_u = \frac{\sigma_{1f} - \sigma_{3f}}{2} = \frac{\sigma'_{1f} - \sigma'_{3f}}{2} \qquad 6.4.2$$

$$c_u = \frac{\sin\phi'}{1-\sin\phi'}\sigma'_{3f} \qquad 6.4.3$$

$$\sigma'_{3f} = \sigma_{30} - A_f(\sigma'_1 - \sigma'_3)_f = \sigma_{30} - A_f \times 2c_u \qquad 6.4.4$$

$$c_u = \frac{\sin\phi'}{1+(2A_f-1)\sin\phi'}\sigma_{30} \qquad 6.4.5$$

　非排水せん断強度c_uは6.4.5式に示すように圧密応力σ_{30}に比例することがわかる。この事実から，正規圧密粘土の非排水せん断強度を増大させるため大きな応力で圧密させることがある。c_u/σ_{30}は「強度増加率」と呼ばれ，6.4.5式よりA_fとϕ'を求めれば強度増加率は求まるが，実際は異なる圧密応力で非排水せん断試験を行いσ_{30}とc_uとから直接強度増加率を求めることが多い。この方が間隙水圧を測定することなく，強度増加率を求めることができるので，試験はより簡単になるためである。

　一方，図6.4.1において，全応力で表示した破壊時のモールの応力円（C_1）も同じく原点を通る共通接線を持ち，その勾配をϕ_{cu}とすると，ϕ_{cu}はϕ'よりかなり小さいことがわかる。ここで，三角形ODEに着目すると，6.4.6式が成り立つ。つまり，ϕ_{cu}からも強度増加率を求めることができる。

$$\frac{c_u}{\sigma_{30}} = \frac{\sin\phi_{cu}}{1-\sin\phi_{cu}} \qquad 6.4.6$$

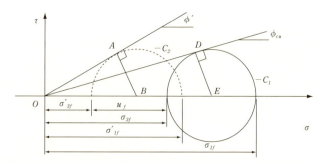

図6.4.1　正規圧密粘土の非排水せん断による破壊時のモールの応力円

6.4 粘土のせん断強さ

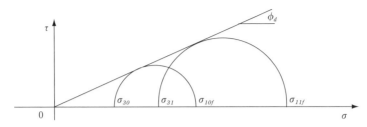

図6.4.2 正規圧密粘土の排水せん断による破壊時のモールの応力円

(2) 圧密排水せん断

粘性土でも，建物が完成してから長時間たった後の地盤の安定性を評価するには圧密排水せん断試験を行うことになる。結果は図6.4.2に示すように，破壊時のモールの応力円の共通接線はやはり原点を通る直線になり，直線の傾斜角はϕ_dである。そして，このϕ_dはほぼ非排水せん断試験結果を有効応力で整理して得られるせん断抵抗角ϕ'に一致することが知られている。このようなことから，通常粘性土について排水せん断試験を実施するのは長時間かかるので，c_u試験からϕ'を求めることが行われる。

(3) 非圧密非排水せん断試験

ところで，すでに6.1.3節で説明したように，飽和土に非排水状態で等方の圧縮応力を加えても，圧縮応力はそのまま過剰間隙水圧に変換されて，土の強度や変形特性にはまったく影響がない。そのため，図6.4.3に示すように，非排水状態で等方応力$\Delta\sigma_3$を加えても，全応力表示のモールの応力円は右へ$\Delta\sigma_3$だけ移動しただけで，破壊時の有効応力表示のモールの応力円は圧密非排水せん

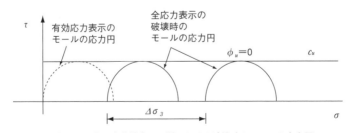

図6.4.3 非圧密非排水せん断における破壊時のモールの応力円

129

断試験と全く同じになる。このため，破壊時のモールの応力円の包絡線はほぼ横軸に平行で，$\phi_u = 0$ となる。これはせん断抵抗角が0であるということではなく，非圧密非排水の状態では拘束圧が粘土のせん断強度に影響を及ぼさないことを示している。

6.4.2 過圧密粘土

圧密降伏応力（P_y）よりも小さい応力で圧密して，非排水せん断した場合の強度特性はどうであろうか。すでに6.2節で説明したように，正規圧密粘土は緩い砂と同じように，せん断されると体積が収縮し，過圧密粘土はせん断されると，密な砂のように体積が膨張する。今，非排水状態でせん断されるので，過圧密粘土は体積膨張ができない代わりに，負の過剰間隙水圧が発生することになる。表6.1.1に示すように過圧密粘土の破壊時の間隙圧係数A_fが負の値を示していることからもわかる。これは，有効応力の原理から非排水せん断強度が増すことを意味する。結果的には，過圧密粘土についての破壊時のモールの応力円の包絡線は図6.4.4に示すように，正規圧密領域では正規圧密粘土と同じように原点を通る直線になるが，過圧密領域では正規圧密粘土の強度よりも大きな強度を持ち，破壊包絡線は原点を通らない。過圧密粘土の圧密排水せん断（CD），圧密非排水せん断（CU）及び非圧密非排水せん断（UU）で得られる破壊包絡線は図6.4.4に示す通りである。過圧密領域では厳密には破壊包絡線は直線ではないが，便宜上直線として取り扱うことが多い。

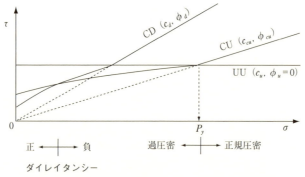

図6.4.4　過圧密粘土の3種類の排水条件に対するせん断強さ

6.5

土の繰返し変形特性

6.3節で説明した液状化現象は地震荷重が対象である。地盤や構造物の自重などの荷重に比べて，地震荷重の特性は"荷重速度"と"繰返し載荷回数"にある。このような特性を持つ荷重としてはこの他に交通荷重，波浪荷重や風荷重などがある。一般には，これらの荷重のもとでの地盤の変形特性をその荷重速度に重きをおいて，「動的変形特性」と呼ぶことがある。しかし，近年の研究により，このような荷重について"荷重速度"よりも"繰返し効果"が大きな影響を及ぼすこと，また後述するようにこのような変形特性を求める代表的な試験法がJISの規格で"繰返し三軸試験"と表示しているので，本書では"繰返し変形特性"と呼ぶことにした。液状化のように地盤が破壊しないまでも，地震時の構造物の安定性の検討には地盤の繰返し変形特性が大きな影響があることが広く知られている。関東大地震のときに，木造家屋の倒壊率が地盤の軟らかい下町が地盤の硬い山の手よりも大きいのは地震による地盤のゆれ（増幅率）がずっと大きいためであることがわかっている。つまり，同じ地震でも，地盤の繰返し変形特性により建物が受ける振動が大きく異なることがわかる。近年，建物の地震時の構造安全性の評価にいわゆる地震応答解析を用いて検討することがしばしば行われる。地震応答解析には，地盤の繰返し変形特性の評価が不可欠である。この節ではごく簡単に地盤の繰返し変形特性について説明しておく。

地盤の繰返し変形特性のもっとも大きな特徴は地盤のせん断弾性係数Gと減衰定数hのせん断ひずみγへの大きな依存性であると言っても過言ではない。つまり，地盤は微小ひずみから非線形特性を示している点である。地盤のせん断弾性係数や減衰定数は鉄やコンクリートとは異なって，ひずみが10^{-5}程度からひずみの大きさにより大きく変化するのである。そのことが地盤の取り扱いをさらに複雑にしている。地盤の$G \sim \gamma$関係と$h \sim \gamma$関係を求める主な試験法としては前述の液状化試験と同様，繰返し三軸試験と繰返し中空ねじりせん断

131

第6章　土のせん断強さ

試験がある。詳細な説明は専門書に譲るが，両者で得られる結果に大きな違い
がないこと，繰返し中空ねじりせん断試験の場合乱さない試料（中空円筒形供
試体）の整形がかなり困難であることなどから，繰返し三軸試験が用いられる
場合が多い。繰返し変形特性を求める三軸試験機は6.3.2節で説明した液状化試
験に用いる試験機と同じである。ただ，目的が微小ひずみにおける変形係数を
求めることから，軸変位の測定には通常測定精度の良い非接触型の変位計が用
いられる。そして，変位計はできるだけ試料に近いところで，通常は三軸セル
内の試料直上の位置に設置される。同様な考えから，軸差応力を精度よく求め
るため，軸荷重を測定する荷重変換器も載荷軸ロッドとセルの間の摩擦抵抗を
取り除くため，セル内の試料キャップと載荷軸ロッドの間に設置されているこ
とが多い（図6.2.5参照）。繰返し三軸試験で得られる土の応力―ひずみ関係の
例を図6.5.1に示す。ひずみが小さい場合，応力―ひずみ関係を示すヒステリシ
スループはほぼ一本の線のように見える。そして，ひずみが大きくなるに従い，
応力―ひずみ関係はふくらみのあるループのようになり，破壊近くでは"逆S
形"の応力―ひずみ関係を示す。つまり，ひずみが小さいときはほぼ弾性と見
てよい。ひずみが大きくなるに従い，非線形性が顕著に表れる。繰返し三軸試
験で直接に求められるのは等価なヤング係数Eと軸ひずみε_1である。図6.5.2
に示すように等価なヤング係数Eはヒステリシスループの両端を結ぶ直線の傾
きで定義される。その時の軸ひずみ振幅がε_1である。減衰定数は一回の載荷に
おいての損失エネルギーを表すループの面積と弾性エネルギーを表す図に示す
2つの三角形の面積の和との比として6.5.1式で定義される。通常，連続体の弾
性論で知られている関係（6.5.2式から6.5.6式）を用いヤング係数Eと軸ひずみ
ε_1をせん断弾性係数Gとせん断ひずみγに置き換えて表示される。なお，ポア
ソン比νは試料が飽和で，非排水状態であれば，ほぼ0.5とみなせる。試験は
通常10^{-6}から10^{-2}のひずみの範囲において，ひずみレベルを大体10段階くら
いにわけて，ひずみレベルの小さい方から繰り返しせん断試験を行う。これを
通常ステージテストという。各ステージでは非排水条件で一定振幅の軸差応力
を繰り返し加え，試験終了後排水して，繰り返しせん断により生じた過剰間隙
水圧を消散させて，次の載荷ステップに移る。

132

6.5 土の繰返し変形特性

$$h = \frac{\pi}{2} \frac{\Delta W}{W} \qquad 6.5.1$$

$$\nu = -\frac{\varepsilon_3}{\varepsilon_1} \qquad 6.5.2$$

ここで，νはポアソン比で，－の符号はε_3が伸びるとε_1は縮むと両者は逆

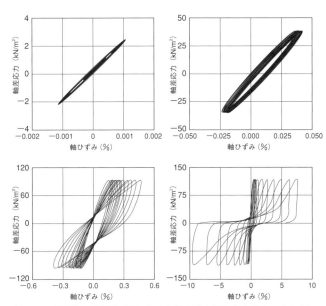

図 6.5.1 繰返し三軸試験で得られる不攪乱砂の異なるひずみレベルでの応力―ひずみ関係例（成田砂）

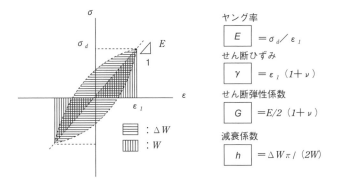

図 6.5.2 等価なヤング係数Eと減衰定数hの定義

方向で変形するためである。

$$\gamma = \varepsilon_1 - \varepsilon_3 = \varepsilon_1 + \nu_1 \varepsilon_1 = \varepsilon_1 (1+\nu) \quad 6.5.3$$

$$E = \frac{\sigma_1}{\varepsilon_1} \qquad \text{ここで, } \sigma_1 \text{は軸差応力} \quad 6.5.4$$

$$G = \frac{\tau}{\gamma} = \frac{\sigma_1}{2\gamma} \qquad \text{ここで, } \tau \text{はせん断応力} \quad 6.5.5$$

$$G = \frac{E}{2(1+\nu)} \quad 6.5.6$$

各ひずみレベルで得られるせん断弾性係数Gや減衰定数hをせん断ひずみγに対してプロットした例が図6.5.3である。横軸のせん断ひずみは数桁変化するので，通常対数目盛りで表示される。図からわかるように，土のせん断弾性係数はせん断ひずみが10^{-6}から10^{-2}の間に約百分の1から千分の1に低下していることがわかる。微小ひずみ（$\fallingdotseq 10^{-5}$）でのせん断剛性G_0は有効拘束圧$\sigma_m{'}$との間に6.5.7式が成り立つことが知られている（図6.5.4参照）。$f(e)$は間隙比eの関数，nは土の種類やひずみレベルによる定数，aは実験定数である。

$$G_0 = af(e)\sigma_m^n \quad 6.5.7$$

なお，G_0は室内試験で求められるほか，弾性波動論により原位置で実施される弾性波試験（1.6.2節参照）により求められるせん断波速度V_sを用いて6.5.8式で求めることもできる。室内試験において，微小ひずみにおけるG_0の測定精度の確保が困難な場合は，V_sからG_0を求めることがしばしば行われる。

$$G_0 = \frac{\gamma_t}{g} V_s^2 \qquad \text{ここで, } \gamma_t \text{は地盤の単位体積重量，} g \text{は重力加速度} \quad 6.5.8$$

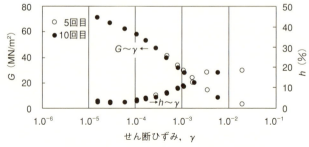

図6.5.3　土の$G\sim\gamma$および$h\sim\gamma$関係例（成田砂）

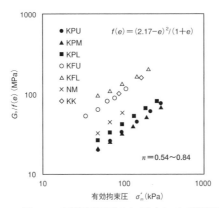

図 6.5.4　不攪乱礫試料の $G_0/f(e)$ と σ'_m の関係例

6.6

室内試験に用いる試料

　第4章から第6章のこれまでの内容のかなりの部分は地盤に外力が加えられたときの地盤の強度・変形特性を評価するために，原位置から採取した土試料に対して実施する各種の室内試験の方法やその結果の解釈についての説明であった。このように原位置から採取した試料についての室内試験により得られた結果をもとに，われわれは，構造物の基礎の設計や施工をする。これには暗黙のうち，室内試験で得られた結果が地盤の原位置での工学的性質を大筋で示していることが前提となっている。この前提が成り立つためには次のような条件などが満足される必要がある。
　①採取した試料は求めようとする原位置での性質を保持していること。
　② 原位置での応力・ひずみ状態が室内試験において再現されていること。
　③ 外的荷重が合理的に室内試験で再現されていること。
　②項と③項については，各試験法の紹介のところで基本的な考えは説明した。ここでは①項の室内試験に不可欠な原位置から採取した試料の性質について考えてみよう。鉄やコンクリートなどの他の構造材料では，工場で作成された鉄

やコンクリートの性質と現場で用いる鉄やコンクリートの性質は基本的には同じであるとの前提に立っている。また，実際そのように考えてよい。せいぜい，必要な時に確認するだけである。①項のような議論は鉄やコンクリートなどの他の構造材料ではないもので，地盤工学の分野特有のものといえる。

　試料の採取方法が採取された試料の力学特性に大きな影響を及ぼすことはかなり古くから粘土に関する研究結果から指摘されている。原位置の性質を保持している試料を特に「乱さない試料」といい，そうでない試料と区別している。成層状態で堆積している粘性土がサンプリングチューブの回転貫入により，せん断されてゆがめられていることが目視されることがある。試料の乱れの影響はサンプリング時だけではなく，その運搬や整形時にも考えられる。図6.6.1は粘性土の「乱さない試料」について実施した一軸圧縮試験結果で得られた軸応力（σ_1）－軸ひずみ（ε_1）の関係の模式図である。図中には「乱さない試料」の含水比を保持した状態で試料を練り返して再度成型した試料（「練返した試料」という）について実施した一軸圧縮試験結果も示してある。図からわかるように，二種の試料の応力－ひずみ関係は著しく異なっている。「乱さない試料」に比べて，「練返した試料」は強度も変形係数（E_{50}：$q_u/2$における割線係数）も大幅に低下していることがわかる。これは練り返しによって，乱さない試料が保持していた原位置での骨格構造が著しく乱された結果であると理解されている。両者の一軸圧縮強度（q_uおよびq_{ur}）の比は鋭敏比（S_t，6.6.1式）と呼ばれている。一般にS_tが4以上の粘土を鋭敏な粘土と呼んでいる。九州有明海の有明粘土は高い鋭敏比（約200）で知られている。スカンジナビア地域には溶脱作用を受けた海成粘土があり，鋭敏比が500以上になることもあり，特にクイッククレイ（quick clay）と呼ばれている。鋭敏比の高い粘土についてはその取り扱いを十分注意する必要がある。

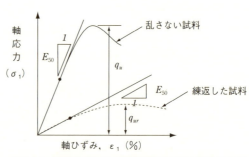

図6.6.1　試料の乱れが一軸圧縮強度及び変形特性に及ぼす影響

$$S_t = q_u / q_{ur} \qquad 6.6.1$$

ここでq_u：乱さない試料の一軸圧縮強度，q_{ur}：乱した試料の一軸圧縮強度

図6.6.2は有明粘土について，信頼できるオペレーターが世界各国で一般業務に用いられている粘土試料のサンプリング法で採取した試料について行った一軸圧縮試験結果である。極めて単純な一軸圧縮試験結果でさえ，その結果は大きく異なる。試料採取過程での乱れの影響がいかに大きいかが伺える。

地下水位以下の飽和砂地盤から乱さない試料を採取することは粘性土の乱さない試料の採取よりも困難な課題であった。そのため，砂に関する研究のかなりの部分はいわゆる「再調整試料」（ばらばらな砂粒を必要な密度につめて作成した試料）について行われてきた。近年，第1章で述べた原位置地盤凍結サンプリングという方法により高品質の乱さない砂試料が採取できるようになり，砂地盤の原位置での工学的性質が次第に明らかにされてきたと同時に試料の乱れが砂質土の工学的性質に及ぼす影響も次第に明らかになってきた。ここでは，砂質土の試料採取における乱れがその工学的性質への影響について紹介する。図6.6.3は同じ地盤から原位置地盤凍結サンプリング法（$R_{(FS)}$）と回転貫入式のチューブ法で採取した試料（$R_{(TS)}$）を用いて行った液状化試験（非排水繰り返し三軸試験）の比較である。15回の繰り返しせん断での液状化強度を標準貫入試験のN値を有効上載圧で正規化したN_1値（6.3.1式参照）で整理した結果である[10]。自然堆積地盤については，2つのサンプリング法で採取された試料

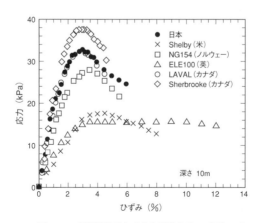

図6.6.2　試料採取法による有明粘土のq_uの違い[53]

第6章 土のせん断強さ

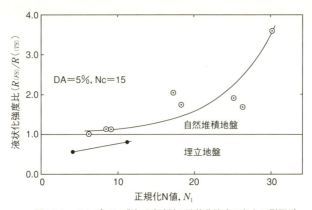

図6.6.3　サンプリング法が砂試料の液状化強度に与える影響[11]

の液状化強度比はN_1値の大きい密な砂地盤でその差が大きくなって現れる。これは，回転式チューブ法において，N_1値の大きな密な地盤ではチューブの回転貫入によるせん断によって，ダイレタンシー特性から体積膨張が発生して，緩くなり，これが原因で原位置での土の骨格構造が乱されて，液状化強度が大幅に低下したと考えられる。一方，チューブの回転貫入により緩い埋立地盤はせん断されて，体積圧縮により密度が原位置状態よりも大きくなり，それにより液状化強度が増大した。ところで，砂試料の骨格構造が液状化強度に大きな影響を及ぼすことは同じ砂を用いて，異なる試料作成法により作成された再調整試料の液状化強度を比較した図6.6.4でも明らかである[20]。砂も密度も同じであるにもかかわらず，液状化強度に図示するような大きな違いが生じているのは試料作成法の違いによって生じた試料の骨格構造の違いであると理解されている。一般に，実地盤の骨格構造がどの試料作成法で作成された骨格構造に対応していることを知ることが困難であるので，原位置特性を保持した試料によって液状化強度を評価することが望ましい。なお，サンプリング法による採取試料の密度への影響についてはすでに図2.3.2で示した。

次に，図6.6.5は圧密排水三軸圧縮試験結果で得られた凍結サンプリング法で採取した砂試料のせん断抵抗角ϕ_d（$\phi_{d(FS)}$）とチューブ法で採取した砂試料のϕ_d（$\phi_{d(TS)}$）を比較した例である。液状化強度への影響に比べると静的強度への試料の乱れの影響はかなり小さいといえる[28]。砂質土の静的な強度は初期の

6.6 室内試験に用いる試料

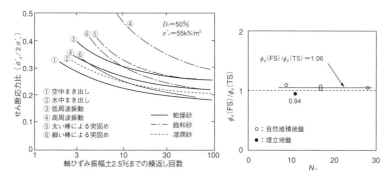

図6.6.4 試料作成法が液状化強度に与える影響[36]　　図6.6.5 サンプリング法が砂試料の
せん断抵抗角 ϕ_d に与える影響[28]

骨格構造よりもせん断直前の試料の密度と受けている拘束圧の影響が卓越していることを示している。この結果は回転貫入タイプのサンプリング法で採取された試料で地盤の静的強度を評価しても差し支えないことを示唆している。

最後に，土の繰返し変形特性への試料の乱れの影響について説明しておく。図6.6.6は東京礫層試料の乱さない試料と再調整試料についてのせん断弾性係数 G のひずみ依存性の実験結果を示したものである[6]。同じ密度につめても，再調整試料は乱さない試料に対して，同じせん断ひずみ γ に対してせん断弾性係数 G が大幅に低下していることがわかる。このようなことは砂試料でも見られている。土の骨格構造が微小ひずみでの繰返し変形特性に大きな影響があることを示している。ところで，図6.6.6に示すデータについて各ひずみでの G を微小ひずみでの G，G_0 で正規化して，$G/G_0 \sim \gamma$ 関係を示したのが図6.6.7である。

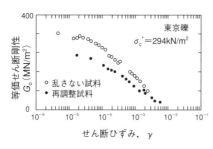

図6.6.6 「乱さない試料」と「再調整試料」の
$G \sim \gamma$ 関係の比較[6]

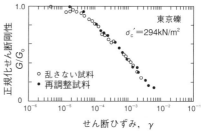

図6.6.7 「乱さない試料」と「再調整試料」の
$G/G_0 \sim \gamma$ 関係の比較[6]

図に示すように，$G/G_0 \sim \gamma$ 関係は試料の乱れの影響をほとんど受けないことがわかる。このような結果は砂や粘土についても多く見られている。それで，6.5節で示したように，G_0 を原位置弾性波試験のS波速度（V_s）により求め（6.5.8式），$G \sim \gamma$ 関係を室内試験で求めて，$G/G_0 \sim \gamma$ 関係を求めれば，試料の乱れの影響を事実上回避することができるようになる。一方，減衰定数への試料の品質の影響はせん断弾性係数への影響に比較して小さく，また明瞭でないことが多いので，通常は無視している。

以上のようなことから，原位置から採取した試料を用いた室内試験結果でも，金科玉条のように妄信してはいけないことがわかる。室内試験に用いた試料の品質，試料の品質の工学的性質への影響の度合い，原位置試験の調査結果，既往の類似地盤の結果などをも考慮して総合的に判断することが望ましい。

〔演習問題6-1〕

6.2.5式を誘導せよ。

〈解答〉

右図を参考にすれば6.2.5式を得る。

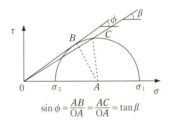

$$\sin\phi = \frac{AB}{OA} = \frac{AC}{OA} = \tan\beta$$

〔演習問題6-2〕

ある土について一面せん断試験を行って，強度定数 $c=240\text{kN/m}^2$，$\phi=30°$ が得られた。土のすべり面上にはせん断力 $\tau=450\text{kN/m}^2$，垂直応力 $\sigma=800\text{kN/m}^2$ が作用している。このすべり面におけるせん断強度 S を求めよ。そして，すべり面で破壊が生じるかどうかを検討せよ。

〈解答〉

クーロンの破壊基準に従うと，この土のすべり面でのせん断強度 S は

$S = 240 + 800 \times \tan30° = 701.9\text{kN/m}^2$

一方，この土のすべり面に作用しているせん断力は450kN/m²であり，450＜701.9なのですべり面で破壊は生じない。

〔演習問題6-3〕

粘着力が0の砂に対して，側圧一定（σ_3=200kN/m²），間隙水圧50kN/m²で圧密排水三軸圧縮試験（CD試験）を行った。軸差応力が300kN/m²で試料は破壊した。この土のせん断抵抗角ϕ_dを求めよ。また，同じ砂に対して，側圧を400kN/m²で一定，間隙水圧を100kN/m²でCD試験を行うと，破壊時の軸差応力はいくらか。

〈解答〉

試料の初期有効拘束圧は200－50=150（kN/m²）

破壊時の軸差応力は300kN/m²だから，破壊時の有効応力に関するモールの応力円を書くと下図のようになる。

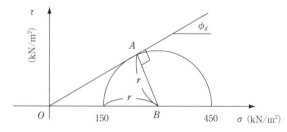

直角三角OABにおいて，下式が成り立つ。

$$\sin\phi_d = \frac{r}{150+r} \quad r = \frac{450-150}{2} = 150 \quad (\text{kN/m}^2)$$

$$\therefore \sin\phi_d = \frac{150}{150+150} = 0.5 \quad \phi_d = 30°$$

側圧が400kN/m²で，間隙水圧が100kN/m²であるから，σ_{30}'=400－100=300（kN/m²），軸差応力がxkN/m²で破壊したとすると，下式が成り立つ。

$$0.5 = \sin\phi_d = \frac{r}{300+r}, \quad \therefore r = 300, \quad r = \frac{x}{2}, \quad \therefore x = 600$$

破壊時の軸差応力は600（kN/m²）となる。

第6章 土のせん断強さ

〔演習問題6-4〕

図に示す砂層の深さ5mの位置のせん断強さを求めよ。ただし，砂地盤の土粒子密度は2.70g/cm^3，間隙比$e=0.75$，せん断抵抗角$\phi=30°$，水の密度は1.00g/cm^3とする。

〈解答〉

飽和土の水中単位体積重量γ'は

$\gamma' = (\rho_s - \rho_w)g(1+e) = (2.70-1.00)\times 9.8/(1+0.75) = 9.52\text{kN/m}^3$

深さ5mでの鉛直有効応力σ_v'は

$\sigma_v' = 9.52\times 5 = 47.6\text{kN/m}^2$

深さ5mでのせん断強さSは

$S = C + \sigma_v' \tan\phi = 0 + 47.6\times \tan 30° = 27.5\text{kN/m}^2$

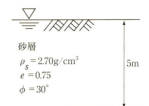

〔演習問題6-5〕

粘土の一軸圧縮強度をq_uとすると，粘着力C及び破壊面の角度θとの間に下記の式が成り立つことを示せ。また，$\phi=0$の粘性土の粘着力Cとθを求めよ。

$C = q_u/\{2\tan(45+\phi/2)\}$

$\theta = 45 + \phi/2$

〈解答〉

一軸圧縮試験では，側圧σ_3は0であるから，モールの応力円は図のように原点に接する。

$\sin\phi = (q_u/2)/(q_u/2 + C\cdot\cot\phi) = q_u/(q_u + 2C\cdot\cot\phi)$

$C = (q_u/2)\cdot\{(1-\sin\phi)/\cos\phi\} = q_u/\{2\tan(45+\phi/2)\}$

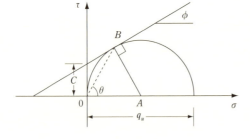

θとϕの関係は下記のように考えればよい。

破壊面の角度θはモールの円では$\angle$BOAであり，$\triangle$BAOにおいて，

∠BAO=180°−2θ。また，∠BAO=90°−φ。
∴180°−2θ=90°−φ，θ=45°+φ/2
φ=0のとき，θ=45°，$C=q_u/2$

〔演習問題6-6〕

正規圧密粘土について圧密非排水三軸圧縮試験を行った。側圧（σ_3）300kN/m²のもとで非排水せん断試験の結果，軸差応力（$\sigma_1-\sigma_3$）が200kN/m²で破壊した。そして，破壊時の間隙水圧（u）は170kN/m²であった。破壊時の間隙水圧係数A_f，強度定数ならびに強度増加率（C_u/p）を求めよ。

〈解答〉

正規圧密粘土の破壊時のモールの応力円の接線は原点を通る直線になることから，破壊時の有効応力についてのモールの応力円と接線を図に示す。
破壊時の軸差応力が200kN/m²なので，モールの応力円の直径は200kN/m²となり，従って，$C_u=200/2=100$kN/m²。

有効応力でのせん断抵抗角φ′は下記のようになる。

sin φ′=OD/CD=(200/2)/{(300−170)+(200/2)}=100/230=0.435，
φ′=sin⁻¹(0.435)，φ′=25.8°。

破壊時の間隙水圧をu，間隙水圧係数をA_fとすると，下式がなり立つ。

$u=B\Delta\sigma_3+A_f(\Delta\sigma_1-\Delta\sigma_3)$

ここで，試料は飽和土なので，間隙水圧係数Bは1.0。$\Delta\sigma_3=0$，$\Delta\sigma_1-\Delta\sigma_3$=200kN/m²なので，170=1×0+$A_f$×200，$A_f$=170/200=0.85　となる。
C_u/p=100/300=0.33　となる。

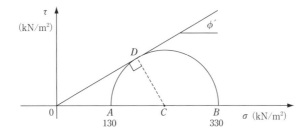

第6章　土のせん断強さ

〔演習問題6-7〕

　地下水位が地表から2mの位置にあり，その下にN値3の緩い細砂層が3m堆積している。表土の単位体積重量は15kN/m³，砂層の飽和単位体積重量が19.5kN/m³，水の単位体積重量が9.8kN/m³である時，砂層の中央地点（地表から3.5m）での値を用いて，液状化に対する安全率を求め，液状化の危険性を検討せよ。なお，地震マグニチュード7.5，地表加速度200cm/s²とし，砂層での細粒分含有率は10%とする。

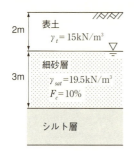

〈解答〉
　地表から3.5mにおける全応力σ_zと有効応力σ_z'は下記となる。
$$\sigma_z = 15 \times 2 + 19.5 \times 1.5 = 59.25 \, \mathrm{kN/m^2}$$
$$\sigma_z' = 15 \times 2 + (19.5 - 9.8) \times 1.5 = 44.55 \, \mathrm{kN/m^2}$$
　検討地点における等価な繰返しせん断応力は，6.3.4式より求める。

$$\frac{\tau_d}{\sigma_z'} = \gamma_n \frac{a_{max}}{g} \frac{\sigma_z}{\sigma_z'} \gamma_m = 0.1 \, (7.5 - 1) \, \frac{200}{980} \, \frac{59.25}{44.25} \, (1 - 0.015 \times 3.5) = 0.17$$

　一方，抵抗となる液状化抵抗比は，6.3.6〜6.3.8式により補正N値（N_a）を求めることで推定する。

$$C_N = \sqrt{\frac{98}{\sigma_z'}} = \sqrt{\frac{98}{44.55}}$$

$$N_1 = C_N \cdot N = 4$$

　細粒分含有率F_cは10%なので，図6.3.17より補正N値増分は6となる。したがって，N_aは，10となる。

$$N_a = N_1 + \Delta N_f = 4 + 6 = 10$$

　図6.3.16のせん断ひずみ5%の曲線より，$N_a=10$に対応する液状化抵抗比を読み取ると，0.13程度となる。したがって，液状化の安全率は，下記のように1を下回り，液状化の危険性が高いことがわかる。

$$F_1 = \frac{\tau_1/\sigma_z'}{\tau_d/\sigma_z'} = \frac{0.13}{0.17} = 0.76$$

第7章

土　圧

第7章 土圧

土圧は広い意味では地盤が構造物にかかる圧力である。図7.1.1に示すように建築構造物では建物の地下階外周にかかる土圧，ドライエリアを構成する外周の擁壁にかかる土圧，地下階建造のために地下掘削時に設置する山留め壁にかかるなどの土圧があり，ここでは，このようなおおむね鉛直壁にかかる水平方向の土圧について説明する。構造物の地下外壁，擁壁および山留め壁の設計をするためには，この土圧を求める必要がある。

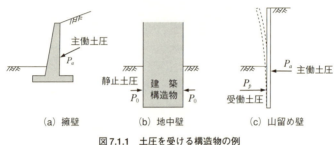

図 7.1.1 土圧を受ける構造物の例

7.1 壁体の動きと土圧

簡単なために，図7.1.2に示す擁壁の背後に乾燥砂からなる地盤があって，このときに擁壁にかかる土圧について考えてみよう。一般に，深さ z の点での鉛直方向応力（σ_v）は地盤の単位体積重量を γ_t とすると，$\sigma_v = \gamma_t \times z$ となる。これに対して，水平方向の応力（σ_h）は力の釣り合いからだけでは決まらず，一般には未知で不静定量である。それで，水平方向の土圧と鉛直方向の土圧の比を土圧係数 K として7.1.1式で表される。

$$\sigma_h = K\sigma_v \qquad 7.1.1$$

$$K_0 = \frac{\sigma_h}{\sigma_v} \qquad 7.1.2$$

擁壁が静止している場合の土圧係数は特に静止土圧係数，K_0と表し，この状態での土圧は静止土圧と呼ばれている（7.1.2式参照）。K_0の添え字の"ゼロ"は擁壁が静止している，つまり横方向の変位がゼロであることを意味している。ところで，水平方向土圧σ_hは擁壁の横方向の変位状態によって大きく変化することがわかっている（図7.1.3参照）。いま，この擁壁を水平方向に背後地盤から少し離れるように動かすと，鉛直方向土圧はほとんど不変であるが，水平方向の土圧σ_hは減少する。それによって，土圧係数の値は静止土圧係数K_0から次第に減少していく。そして，擁壁の水平移動量がある値に達すると，背後地盤の中に図の破線に示すすべり面が生じて，それ以上擁壁を離れる方向に水平移動しても，σ_hは変化せず一定の値σ_{ha}をとるようになる。このとき，土は破壊状態にあり，「主働状態」にあるという（図7.1.2 (a) 参照）。このときに擁壁に作用している水平方向土圧を「主働土圧」といい，水平方向の応力と鉛直方向の応力の比を「主働土圧係数」，$K_a = \sigma_{ha}/\sigma_v$と呼んでいる。

次に静止状態から擁壁を背後地盤の方に水平方向に押していくと，擁壁に作用する土圧は次第に増加する。そして，ある水平変位に達すると，やはり，背後地盤にすべり面が発生し，くさび形の土塊はせり上がっていくようになる。このような状態も地盤が破壊していることを意味し，「受働状態」という（図7.1.2 (c) 参照）。このとき擁壁に作用する水平方向の土圧は「受働土圧」といい，水平方向の応力σ_{hp}と鉛直方向の応力σ_vの比は「受働土圧係数」，$K_p = \sigma_{hp}/\sigma_v$と呼ぶ。図7.1.3は背面土が砂の場合の擁壁の水平方向の変位と擁壁に及ぼす土圧の関係を示している（縦軸は土圧係数で示されているが，土圧の大小は土圧係数の値と直接対応している）。

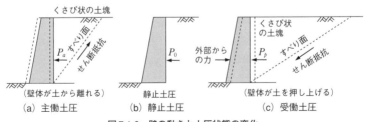

図7.1.2　壁の動きと土圧状態の変化

第7章　土圧

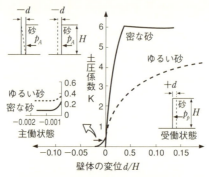

図7.1.3　壁体の変位と土圧の変化[37]

7.2 ランキンの土圧

7.2.1　主働土圧

7.1節で説明した主働土圧を具体的に求めて見よう。背面地盤の表面は平らで，地盤の粘着力cはゼロ，壁面と地盤の間の摩擦はゼロと仮定する。このような条件の下では，土中の水平な面と垂直な面にはせん断力が働いていないので，主応力面とみなすことができる。このことにより，擁壁が静止している静止土圧の応力状態は図7.2.1のモールの応力円Aによって表される。そして，擁壁を地盤から遠ざけると，σ_vが一定で，σ_hが小さくなっていく。やがて背後地盤がすべり，つまり破壊する。このときのモールの応力円はクーロンの破壊基準に接することになる。その応力状態を表したのが応力円Bである。図7.2.1に示す関係より，モールの応力円Bの半径をrとすると，このときの主働土圧係数K_aは7.2.1式により表される。

$$K_a = \frac{\sigma_{ha}}{\sigma_v} = \frac{\sigma_{ha}}{\gamma_t z} = \frac{\dfrac{r}{\sin\phi} - r}{\dfrac{r}{\sin\phi} + r} = \frac{1-\sin\phi}{1+\sin\phi} = \tan^2\left(45° - \frac{\phi}{2}\right) \qquad 7.2.1$$

148

7.2 ランキンの土圧

すなわち，深さzの点での主働土圧応力σ_{ha}と主働土圧P_aは7.2.2式と7.2.3式で表される。主働土圧応力は三角形分布をしており，その合力の主働土圧P_aの作用位置は図7.2.2に示すように，擁壁の下からその高さHの1/3のところである。

$$\sigma_{ha} = K_a \sigma_v = K_a \times \gamma_t z = \gamma_t z \tan^2\left(45° - \frac{\phi}{2}\right) \qquad 7.2.2$$

$$P_a = \int_0^H \sigma_{ha} dz = \int_0^H K_a \gamma_t z dz = \frac{1}{2}\gamma_t H^2 \tan^2\left(45° - \frac{\phi}{2}\right) \qquad 7.2.3$$

なお，背面地盤の地表が傾きαを持つ場合の主働土圧係数K_aは式の誘導は省略するが，7.2.4式で表される。言うまでもないが，$\alpha = 0$とすれば，7.2.4式は7.2.1式に帰着する。

$$K_a = \cos\alpha \frac{\cos\alpha - \sqrt{\cos^2\alpha - \cos^2\phi}}{\cos\alpha + \sqrt{\cos^2\alpha - \cos^2\phi}} \qquad 7.2.4$$

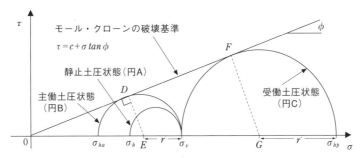

図7.2.1　ランキンの土圧の主働状態・受働状態におけるモールの応力円

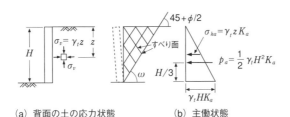

(a) 背面の土の応力状態　　　(b) 主働状態

図7.2.2　主働土圧の分布

第7章 土圧

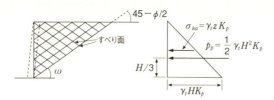

図7.2.3 受働土圧の分布

7.2.2 受働土圧

次に，擁壁を背後地盤の方向に押すと，今度はσ_vが一定で，σ_hが大きくなっていく。やがて地盤がすべり，破壊する。そのときのモールの応力円もやはりクーロンの破壊基準に接することになる。その応力状態を表したのが応力円Cである。図7.2.1により，モールの応力円Cの半径をr'とすると，このときの受働土圧係数K_pは7.2.5式により表される。

$$K_p = \frac{\sigma_{hp}}{\sigma_v} = \frac{\sigma_{hp}}{\gamma_t z} = \frac{\dfrac{r'}{\sin\phi}+r'}{\dfrac{r'}{\sin\phi}-r'} = \frac{1+\sin\phi}{1-\sin\phi} = \tan^2\left(45°+\frac{\phi}{2}\right) \qquad 7.2.5$$

すなわち，深さzの点での受働土圧応力σ_{hp}と受働土圧P_pは7.2.6式と7.2.7式で表される。受働土圧応力も同じく三角形分布をしており，その合力の受働土圧の作用位置も同様に，図7.2.3に示すように，擁壁の下からその高さHの1/3のところである。

$$\sigma_{hp} = K_p \times \gamma_t z = \gamma_t z \tan^2\left(45°+\frac{\phi}{2}\right) \qquad 7.2.6$$

$$P_p = \int_0^H \sigma_{hp}\,dz = \int_0^H K_p\,\gamma_t z\,dz = \frac{1}{2}\gamma_t H^2 \tan^2\left(45°+\frac{\phi}{2}\right) \qquad 7.2.7$$

背面地盤の地表が傾きαを持つ場合の受働土圧係数K_pは7.2.8式で表される。

$$K_p = \cos\alpha\,\frac{\cos\alpha + \sqrt{\cos^2\alpha - \cos^2\phi}}{\cos\alpha - \sqrt{\cos^2\alpha - \cos^2\phi}} \qquad 7.2.8$$

以上の2つの極限状態での土圧についての考えはランキンにより導かれたので，ランキンの土圧と呼ばれている。

7.2.3 粘着力がある地盤のランキンの土圧

　背後地盤に粘着力のある場合のランキンの土圧は次のように考えればよい。つまり，主働および受働状態は破壊状態であり，そのときのモールの応力円はクーロンの破壊基準に接している。図7.2.4に示す関係から，7.2.1式および7.2.5式を導いたのと同様に粘着力のある場合のランキンの主働および受働土圧応力は7.2.9式で表される。三角関数の関係（7.2.10式）を用いて変換すると7.2.11式のように表される。7.2.11式において，$c=0$と置けば，粘着力のない場合と同じ7.2.12式のようになる。よって，主働土圧係数K_aと受働土圧係数K_pは7.2.13式で与えられる。この関係を用いると，粘着力がある場合の主働土圧応力と受働土圧応力は7.2.14式で表される。

$$\begin{pmatrix} \sigma_{ha} \\ \sigma_{hp} \end{pmatrix} = \frac{1 \mp \sin\phi}{1 \pm \sin\phi} \, \sigma_v \mp 2c\, \frac{\cos\phi}{1 \pm \sin\phi} \qquad\qquad 7.2.9$$

$$\frac{1 \mp \sin\phi}{1 \pm \sin\phi} = \tan^2\left(45°\mp\frac{\phi}{2}\right), \quad \frac{\cos\phi}{1 \pm \sin\phi} = \tan\left(45°\mp\frac{\phi}{2}\right) \qquad 7.2.10$$

$$\begin{pmatrix} \sigma_{ha} \\ \sigma_{hp} \end{pmatrix} = \tan^2\left(45°\mp\frac{\phi}{2}\right)\sigma_v \mp 2c\tan\left(45°\mp\frac{\phi}{2}\right) \qquad 7.2.11$$

$$\begin{pmatrix} \sigma_{ha} \\ \sigma_{hp} \end{pmatrix} = \tan^2\left(45°\mp\frac{\phi}{2}\right)\sigma_v \qquad\qquad 7.2.12$$

$$K_a = \tan^2\left(45°-\frac{\phi}{2}\right), \quad K_p = \tan^2\left(45°+\frac{\phi}{2}\right) \qquad 7.2.13$$

$$\begin{pmatrix} \sigma_{ha} \\ \sigma_{hp} \end{pmatrix} = \begin{pmatrix} K_a \\ K_p \end{pmatrix}\sigma_v \mp 2c\begin{pmatrix} \sqrt{K_a} \\ \sqrt{K_p} \end{pmatrix} \qquad\qquad 7.2.14$$

　粘着力がある場合も同様に，任意の深さzでの土圧応力を用いて，高さHの壁体全体に働く全土圧は，$\sigma_v = \gamma_t z$として，zについて0からHまで積分すればよい。その結果，粘着力がある場合の主働土圧P_aと受働土圧P_pは7.2.15式で与えることができる。ランキンの土圧を粘着力のある地盤にも展開したのはレザールで，7.2.15式はランキン・レザールの式と呼ばれている。

　ところで6.3.1節において，洪積砂地盤が粘着力cを持つ事例を示した。その際，実測した山留め壁にかかる土圧をもとに推定した粘着力cと三軸試験で得

第7章 土圧

られたcとを比較した図6.3.4を示した。同図で山留め壁にかかる土圧から粘着力cを推定したのに用いたのが，ここで示した7.2.15式である。実測した山留め壁の土圧P_aとCD試験により求めた，ϕ（ϕ_d）に基づきK_aを求め，さらにσ_vをγ_tと深さHから求めれば，7.2.15式より粘着力cが求められる。

$$\begin{pmatrix} P_a \\ P_p \end{pmatrix} = \frac{1}{2} \gamma_t H^2 \begin{pmatrix} K_a \\ K_p \end{pmatrix} \mp 2cH \begin{pmatrix} \sqrt{K_a} \\ \sqrt{K_p} \end{pmatrix} \qquad 7.2.15$$

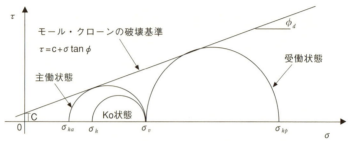

図7.2.4 粘着力のある地盤のランキンの土圧とモールの応力円

7.2.4 地表面に分布荷重がある場合の土圧

図7.2.5に示すように，地表面と壁面が直線であり，地表面に沿って単位長さ当たり大きさが一様な分布荷重P_0が加えられた時の擁壁に働くランキンの主働土圧について考えて見よう。まず，一様分布荷重P_0を相当厚さの地盤に換算する。P_0に対する換算地盤の高さをhとすると，hは7.2.16式で表される。

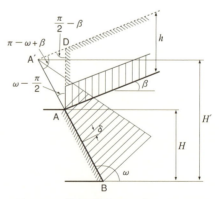

図7.2.5 一様表面荷重がある時のランキンの主働土圧[38]

$$h = \frac{P_0}{\gamma_t \cos \beta}$$

ここでγ_tは換算地盤の単位体積重量 　　　　　7.2.16

7.2 ランキンの土圧

次に，この仮想地盤により，擁壁の高さが$\Delta H (= H' - H)$ だけ高くなったとして，これを求める。図7.2.5の中に三角形AA'Dの3つの角の大きさは，幾何的関係から7.2.17式のように表される。

$$\angle A'AD = \omega - \frac{\pi}{2}, \quad \angle AA'D = \pi - (\omega - \beta), \quad \angle A'DA = \frac{\pi}{2} - \beta \qquad 7.2.17$$

三角形AA'Dにおいて，正弦の定理から7.2.18式が成り立つ。

$$\frac{\overline{AA'}}{\sin\left(\frac{\pi}{2} - \beta\right)} = \frac{\overline{DA}}{\sin(\pi - (\omega - \beta))} = \frac{h}{\sin(\pi - (\omega - \beta))} \qquad 7.2.18$$

7.2.18式から は7.2.19式で表される。

$$\overline{AA'} = \frac{h \times \cos\beta}{\sin(\omega - \beta)} \qquad 7.2.19$$

したがって，仮想擁壁の高さΔHは7.2.20式で表される。

$$\Delta H = H' - H = \overline{AA'} \sin\omega \qquad 7.2.20$$

7.2.16式と7.2.19式を7.2.20式に代入すると7.2.21式を得る。

$$\Delta H = \frac{P_0 \sin\omega}{\gamma_t \sin(\omega - \beta)} \qquad 7.2.21$$

これから，AB壁面に作用している主働土圧が7.2.22式で表される。

$$P_a = \frac{1}{2}\gamma_t (H + \Delta H)^2 K_a - \frac{1}{2}\gamma_t (\Delta H)^2 K_a \qquad 7.2.22$$

7.2.21式を7.2.22式に代入すると，P_aは7.2.23式で表される。

$$P_a = \frac{1}{2}\gamma_t H^2 K_a + P_0 H K_a \frac{\sin\omega}{\sin(\omega - \beta)} \qquad 7.2.23$$

ここで，$P_{a1} = \frac{1}{2}\gamma_t H^2 K_a$, $P_{a2} = P_0 H K_a \dfrac{\sin\omega}{\sin(\omega - \beta)}$ とおくと，P_aの作用点は7.2.24式で表される。

$$h_a = \frac{\dfrac{1}{3}HP_{a1} + \dfrac{1}{2}HP_{a2}}{P_a} \qquad 7.2.24$$

153

第7章 土圧

なお，図7.2.6の様に，擁壁背面が垂直で，地表面が水平の場合は，$\omega = 90°$，$\beta = 0$とすれば，ランキンの主働土圧および受働土圧はそれぞれ7.2.25式，7.2.26式のように表される。したがって，高さHの擁壁に作用する主働土圧および受働土圧の合力はそれぞれ7.2.27式，7.2.28式のように表される。

$$\sigma_a = K_a(\sigma_v + P_0) = (\gamma_t z + P_0)\tan^2\left(45° - \frac{\phi}{2}\right) \qquad 7.2.25$$

$$\sigma_p = K_p(\sigma_v + P_0) = (\gamma_t z + P_0)\tan^2\left(45° + \frac{\phi}{2}\right) \qquad 7.2.26$$

$$P_a = \frac{1}{2}\gamma_t H^2 \tan^2\left(45° - \frac{\phi}{2}\right) + P_0 H \tan^2\left(45° - \frac{\phi}{2}\right) \qquad 7.2.27$$

$$P_p = \frac{1}{2}\gamma_t H^2 \tan^2\left(45° + \frac{\phi}{2}\right) + P_0 H \tan^2\left(45° + \frac{\phi}{2}\right) \qquad 7.2.28$$

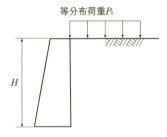

図7.2.6　地表面が水平で等分布荷重がある場合

7.2.5　裏込め土が多層地盤の場合

裏込め土が多層地盤になっている場合は，土圧分布は各層ごとに算定することになる。いま，図7.2.7のような2層地盤の場合を考える。この場合，上部の層では高さH_1の擁壁に作用する土圧を求めればよい。下層H_2の土圧を求める場合は，それより上層の裏込め土を等分布荷重に置き換えて算定すればよい。

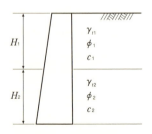

図7.2.7　2層地盤の場合

7.2.6 鉛直自立高さ

粘着力のある地盤の壁体に及ぼす主働土圧について考えてみよう。この場合の主働土圧応力は7.2.29式で与えられ、深さ方向の分布状態は図7.2.8のようになる。図からわかるように、壁体の上部には土圧はかかっていない。そして、地表からH_cまでの範囲での土圧の合力はゼロになる（7.2.30式）。つまり、この深さまでは、壁体がなくとも、地盤は自立できることになる。H_cの値は7.2.30式より7.2.31式として求まる。これは、粘性土地盤はこの深さまでは山留め壁なしで、掘削できることを示しているが、実際には上部のマイナス土圧はあまり期待できないので、実際の自立高さはH_cよりも小さいと考えた方がよい。

$$\sigma_{ha} = K_a \gamma_t z - 2c\sqrt{K_a} \qquad 7.2.29$$

$$p_a = \int_0^H \left(K_a \gamma_t z - 2c\sqrt{K_a} \right) dz = \frac{1}{2} H_c^2 \gamma_t K_a - 2cH_c\sqrt{K_a} = 0 \qquad 7.2.30$$

$$H_c = \frac{4c}{\gamma_t} \frac{1}{\sqrt{K_a}} = \frac{4c}{\gamma_t} \tan\left(45° + \frac{\phi}{2}\right) \qquad 7.2.31$$

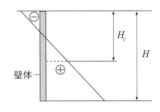

図7.2.8 粘着力を持つ地盤の壁体に及ぼす土圧

7.3 クーロンの土圧

クーロンは図7.3.1に示すように壁背面の地盤にくさび形の土塊があって、その土塊がすべり出そうとするときの力の釣り合いから擁壁に働く土圧を求

めた。この土くさびはいろいろな角度のすべり面を持つと考えられるが、その中で、壁面に及ぼすもっとも大きな土圧の値を主働土圧としている。クーロンの土圧は図7.3.1に示すように、ランキンの土圧論を導くときに仮定した①背後地盤の表面が水平である、②擁壁の背面は鉛直である、③擁壁と背後地盤の摩擦はないという条件は含まれていない。より一般的な場合に適用ができる。

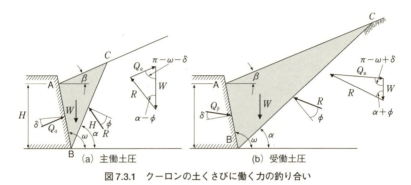

図7.3.1　クーロンの土くさびに働く力の釣り合い

図7.3.1 (a) に示すように、主働状態でのくさびに働く力は次のようになる。
① 土のくさびの重心に鉛直方向に作用する土塊の自重：W
　　三角形の面積と地盤の単位体積重量がわかれば、Wは計算できる。
② 水平方向とαの角度をなすすべり面BCに沿って、左下にすべろうとする土塊に右上方向に働く抵抗力：R
背面土が粘着力ゼロ、せん断抵抗角がϕの砂質土と考えると、抵抗力Rはすべり面に鉛直な方向から図に示すようにϕだけ傾いて働いていることになる。
③ 壁面からくさびに働く土圧：Q_a
　　土と壁の間の壁面摩擦角をδとすると、Q_aは壁面に鉛直な方向から図に示すようにδだけ傾いて働いていることになる。

上記3つの力のうち、大きさと方向がわかっているのはWだけである。RとQ_aについては方向はわかっているが、大きさは未知である。このRとQ_aは図に示す力の多角形を用いて求めることができる。Q_aは壁面に作用する主働土圧である。ところでこのように求めたQ_aは、すべり面は水平方向とαの角度

7.3 クーロンの土圧

をなすと仮定して求めたものである。しかし，実際のすべり面の角度は未知である。それで，αをいろいろ変えて，上記の方法によりQ_aを求め，その中の最大な値が主働土圧の合力であり，そのときのすべり面が実際の主働土圧状態に対応するすべり面となる。

次に，クーロンの受働土圧について説明する。図7.3.1（b）に示すような力が受働状態の土のくさびに働く。

① 土のくさびの重心に鉛直方向に作用する土塊の自重：W

　三角形の面積と地盤の単位体積重量がわかれば，Wは計算できる。

② 水平方向とαの角度をなすすべり面BCに沿って，右上にずれ上がろうとする土塊に左下方向に働く抵抗力：R

抵抗力Rはすべり面に鉛直な方向から図に示すようにϕだけ傾いて働いていることになる。

③ 壁面からくさびに働く土圧：Q_p

土と壁の間の摩擦角をδとすると，Q_pは壁面に鉛直な方向から図に示すようにδだけ傾いて働いていることになる。

主働土圧を求めたときと同様に，大きさが未知数であるRとQ_pは図に示す力の多角形を用いて求めることができる。このようにして求めたQ_pは壁面に作用する受働土圧の合力である。そして，同様にαをいろいろ変えて，Q_pを求め，今度はその中の最小の値が受働土圧の合力であり，そのときのすべり面が実際の受働土圧状態に対応するすべり面となる。

以上のようなクーロンの土圧合力を求めるにはここで説明した図解法のほかに解析的な方法がある。解析的な方法では，合力Q_aあるいはQ_pをそれぞれすべり面の角度αの関数として表して，$dQ_a/d\alpha=0$あるいは$dQ_p/d\alpha=0$となるようなαの値を求める。つまり，Q_aが極大値あるいは，Q_pが極小値となるようなαを決めて，Q_aおよびQ_pの式を求めればよい。式の展開は省略して，結果だけを7.3.1式と7.3.2式に示す。

$$\begin{pmatrix} P_a \\ P_p \end{pmatrix} = \frac{1}{2}\gamma_t H^2 \begin{pmatrix} K_a \\ K_p \end{pmatrix} \qquad\qquad 7.3.1$$

157

第7章　土圧

$$
\begin{pmatrix} K_a \\ K_p \end{pmatrix} = \left[\cfrac{\sin(\omega \mp \phi)}{\sin\omega \left\{ \sqrt{\sin(\omega \pm \delta)} \pm \sqrt{\cfrac{\sin(\phi + \delta)\sin(\phi \mp \beta)}{\sin(\omega - \beta)}} \right\}} \right]^2
\qquad 7.3.2
$$

　7.3.2式に示すK_aとK_pはそれぞれクーロンの主働土圧係数とクーロンの受働土圧係数と呼ばれる。なお，7.3.1式を見ると，P_aとP_pはランキンの土圧7.2.3式と7.2.7式と同様，土圧係数に$\gamma_t H^2 / 2$をかけたものと同じ形をしている。このことは，クーロンの土圧も深さ方向に静水圧的な三角形分布をしていると考えてよい。なお，7.3.2式において，ランキンの土圧を導いたと同じ仮定$\delta = \beta = 0,\ \omega = \pi / 2$とおくと，7.3.2式は7.2.1式と7.2.5式にほかならない。両者は同じ結果に帰着することがわかる。

7.4

静止土圧

　静止土圧係数の定義と意味は7.1節において，壁体が静止している時の土圧の説明の中で述べた。しかし，この考えは水平地盤内の土要素に作用している水平応力を求めるのにも使われる。無限の広がりをもつ水平地盤では横方向に変位は生じ得ないから，静止している壁体に作用するのと同じ静止土圧が水平応力として土要素に働いていると考えてよい。ところで，クーロンの破壊基準（6.2.1式）に示されているように地盤のせん断強度の応力依存性は大きい。また，地盤の静的変形特性（たとえば図6.2.6）や繰返し変形特性（たとえば6.5.7式）も応力依存性が大きいことは周知の事実である。つまり，地盤の破壊や変形の議論には地盤中の応力状態を知ることは不可欠である。したがって，地盤中の応力状態を定義するこの静止土圧係数はきわめて重要な地盤定数である。しかし，残念ながら，実地盤における水平応力σ_hを直接に精度よく求めることは今日においてもきわめて困難なため，実地盤での測定値はほとんど示されていない。式の誘導は省略するが，地盤を弾性体と仮

158

定すると，弾性体の力学から静止土圧係数K_0はポアソン比νとの間に7.4.1式が成り立つことが知られている．実務では，正規圧密状態の土について7.4.2式に示す理論的背景を持つJaky（ヤーキ）の式が広く知られている[39]．CD試験で求めたせん断抵抗角ϕ_dからK_0求められる．一方，過圧密土についてはMayne（メーン）とKulhawy（クルハヴィ）によって7.4.3式のような経験式が提案されている[40]．7.4.3式からわかるように，過圧密土の静止土圧係数は過圧密比（OCR）の関数になっている．図7.4.1は剛な円形の容器に乾燥状態の豊浦砂をつめて，砂表面の載荷版を介して，鉛直荷重を載荷及び除荷したときの水平方向土圧の変化の様子を示したものである．図よりK_0は応力履歴の影響を受けることがわかる．つまり，載荷状態においては，水平方向応力増分$\Delta\sigma_h$は鉛直応力増分$\Delta\sigma_v$に比例して増加し，その傾きが静止土圧係数K_0である．しかし，除荷時には，水平方向には残留応力が発生し，そのためにK_0が増加する．このことが反映されているのが7.4.3式である．砂質土や礫質土のK_0については，7.4.4式も提案されている[41]．これは原位置である深さの地盤について測定したせん断波速度（V_{SF}）とその深さから採取した高品質の不攪乱試料について原位置の応力の大きさを再現できれば，室内試験において測定したせん断波速度（V_{SL}）とは同じであるという考えから導かれたものであり，V_s等価法と呼ばれている．7.4.4式中の定数aとnは室内試験におけるV_{SL}と拘束圧σ_mの関係を示す実験式（7.4.5式）における定数である．σ_mは有効平均主応力であり，7.4.6式で表される．

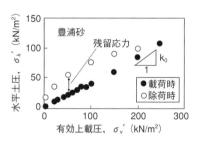

図 7.4.1 側方拘束状態で求めた鉛直応力と水平応力の変化の特性

$$K_0 = \frac{\nu}{1-\nu} \qquad 7.4.1$$

$$K_0 = 1 - \sin\phi_d \qquad 7.4.2$$

$$K_{0C} = (1-\sin\phi')(\text{OCR})^{\sin\phi'}, \quad \text{ここで，OCRは過圧密比} \qquad 7.4.3$$

第7章 土圧

$$K_0 = \frac{1}{2}\left\{\frac{3}{\sigma_v'}\left(\frac{V_{SF}}{a}\right)^{\frac{1}{n}} - 1\right\} \qquad 7.4.4$$

$$V_{SL} = a(\sigma_m)^n \qquad 7.4.5$$

$$\sigma_m = \frac{1+2K_0}{3}\sigma_v' \qquad \text{ここで，}\sigma_v'\text{は鉛直有効応力} \qquad 7.4.6$$

7.5 山留め壁に作用する側圧

　建築の場合，地下部分の掘削（根切り工事）に伴って，一時的に，周辺地盤の崩壊を防ぐため，仮設構造物（場合によっては本設を兼ねる）である山留め壁を設けることが行われる。本節は山留め壁に及ぼす側圧について説明する。

7.5.1　山留め壁に作用する側圧の考え方

　山留め壁に作用する側圧の大きさ・形状は地層構成，土質の性状，地下水の状況，周囲の構造物の影響等を考慮する必要がある。ここで言う側圧とは本章前節までに説明した土圧に地下水による水圧を加えたものである。これは，山留め壁は通常掘削領域におけるドライワークを可能にするため，止水

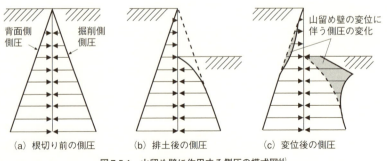

図 7.5.1　山留め壁に作用する側圧の模式図[44]

性を持たせているためである。山留め壁に作用する側圧は①背面側の側圧，
②掘削側の側圧および③山留め壁が変位しないと仮定したときの掘削根入れ
部に作用する側圧—平衡側圧から構成される。図7.5.1は山留め壁に作用す
る側圧の変化の様子を１次根切りを例に模式的に示したものである[41]。根切り
開始前は当然のことながら，山留め壁の背面側と掘削側に作用する水平力は
釣り合っている（図7.5.1（a））。根切りを開始すると，図7.5.1（b）に示すよ
うに，根切り底面以浅では山留め壁の掘削側に作用していた側圧が除去され
る。そして，根切り底面では土被り圧が除去されることによって，山留め壁
の掘削側根入れ部に作用する側圧が減少する。一方，掘削によって山留め壁
の背面側と掘削側における水平力の釣り合いが崩れる結果，山留め壁は掘削
側へ変位する。そして，それによって，山留め壁の根入れ以浅の部分の背面
側側圧は減少し，逆に，根入れ部分の掘削側では山留め壁の変位へ抵抗する
結果地盤反力が増加する（図7.5.1（c））。図7.5.1（c）のハッチした部分が掘
削による山留め壁の変位に伴う側圧が変化した量を表している。次に，これ
らの側圧を具体的に求める方法について日本建築学会の「山留め設計施工指
針」の方法を簡単に紹介する[42]。

　図7.5.1における山留め壁の背面側に作用する側圧は7.5.1式あるいは7.5.2式
で求める。7.5.2式の等号の右辺の ｜｜ の部分はすでに説明した粘着力のある
地盤の主働土圧を示している（7.2.9式参照）。そして，すでに説明したように，
粘着力 c の値によっては ｜｜ の部分の値が負になることがあるが（7.2.5節参
照），設計上の取り扱いでは負になる場合はゼロとするように規定されている。
したがって，7.5.2式で計算される P_a の最小値は背面側水圧の値 u_a となる。

$$P_a = K \gamma_t z \tag{7.5.1}$$

$$P_a = |(\gamma_t z - u_a) K_a - 2c\sqrt{K_a}| + u_a \tag{7.5.2}$$

ここで，P_a：地表面から深さ z（m）における背面側側圧（kN/m²）

　　　γ_t：土の湿潤単位体積重量（kN/m³）

　　　z　：地表からの深さ（m）

　　　K　：側圧係数（表7.5.1に示す値）

　　　u_a：地表から z（m）の深さにおける背面側水圧（kN/m²）

161

第7章　土圧

表7.5.1　側圧係数 (K) [42]

地　　盤		側圧係数
砂 地 盤	地下水位が浅い場合 地下水位が深い場合	0.3〜0.7 0.2〜0.4
粘土地盤	沖積粘土 洪積粘土	0.5〜0.8 0.2〜0.5

  c ：粘着力，ϕ：せん断抵抗角

  K_a ：$\tan^2 (45° - \phi/2)$，地盤の主働土圧係数

　7.5.1式を用いる場合，c，ϕ を評価することなく，表7.5.1の側圧係数から直接 P_a を簡便に決定できる。しかし，表7.5.1に示すように同じ地盤でも側圧係数の値の幅は大きく，その選択には十分地盤性状を考慮する必要がある。詳細は同指針を参考されたい。

　一方，掘削側の側圧は7.5.3式により求める。7.5.3式の等号右辺の ｜｜ の部分は同じく粘着力のある地盤の受働土圧を示している（7.2.9式参照）。

$$P_p = |(\gamma_t z_p - u_p) K_p + 2c\sqrt{K_p} | + u_p \qquad\qquad 7.5.3$$

ここで，P_p ：根切り底面から深さ z_p (m)における掘削側側圧の上限値(kN/m²)

   z_p ：根切り底面からの深さ （m）

   u_p ：根切り底面から深さ z_p (m)における掘削側水圧 （kN/m²）

   K_p ：$\tan^2 (45° + \phi/2)$，地盤の受働土圧係数

　次に，平衡側圧は7.5.4式により求める。平衡側圧は山留め壁の根入れ部において，山留め壁の変位に関係なく，背面側と掘削側でバランスする側圧である。したがって，山留め壁背面側に作用する側圧のうち，平衡側圧に相当する側圧は山留め架構に対する外力にはならない。山留め壁を合理的に設計するためには，7.5.4式における平衡土圧を適切に評価する必要がある。

$$P_{eq} = K_{eq} (\gamma_t z_p - u_p) + u_p \qquad\qquad 7.5.4$$

ここで，P_{eq} ：根切り底面から深さ z_p (m) における平衡側圧 （kN/m²）

   K_{eq} ：根切り底面から深さ z_p (m) における平衡土圧係数

　7.5.4式における平衡土圧係数は7.5.5式で求められる。7.5.5式はすでに説明した過圧密比を考慮した地盤の静止土圧係数を求める7.4.2式に他ならない。

162

K_0はヤーキの式（7.4.1式）よりもとめることができる。

$$K_{eq} = K_0 \cdot OCR^\alpha, \quad \alpha = \sin \phi' \qquad\qquad 7.5.5$$

ここで，K_0　：静止土圧係数

OCR ：過圧密比

ϕ'　：せん断抵抗角

ここに示したのは山留め壁に作用する側圧の基本的な考え方である。山留め壁のそばに接近して構造物がある場合，背面地盤の地表に載荷重がある場合などの取り扱いについては「山留め設計施工指針」を参考されたい。

7.5.2　設計用側圧の評価

山留め設計施工指針において，設計用側圧の取り扱いは図7.5.2に示すように，3つの方法が推奨されている。いずれの方法を用いるかは技術者の判断にゆだねられている。

①梁・ばねモデル

図7.5.2（a）に示すように，山留め壁に7.5.1式あるいは7.5.2式による側圧から，7.5.4式の平衡側圧を差し引いた側圧を設計外力とする。

②単純モデル

図7.5.2（b）に示すように，根切り以浅においては7.5.1式あるいは7.5.2式による側圧を，根切り底面以深では7.5.1式あるいは7.5.2式の背面側側圧から7.5.3式の掘削側側圧の上限値を差し引いた側圧を山留め壁背面に外力として作用するものとする。

③自立山留め梁・ばねモデル

図7.5.2（c）に示すように，根切り以浅においては7.5.1式あるいは7.5.2式による背面側の側圧の合力が集中荷重として作用するものとし，根切り底面以深の側圧は一般に無視する。

自立山留め壁以外では，山留め壁の設計のみならず，山留め壁の変位を抑える切り梁の断面算定も必要である。この場合は，山留め壁に作用する側圧のほか温度変化による切り梁軸力の増分をも考慮する必要がある。詳細については専門書を参考されたい。

163

第7章　土圧

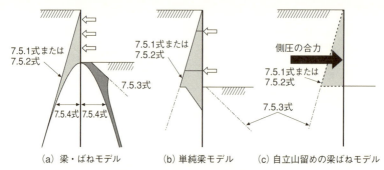

(a) 梁・ばねモデル　　(b) 単純梁モデル　　(c) 自立山留めの梁ばねモデル

図7.5.2　山留め設計に用いる側圧[42]

〔演習問題7-1〕

7.2.1式を誘導せよ。

〈解答〉

図7.2.1の三角形OEDに着目すると，下式が成り立つ。

$$(\sigma_{ha}+r)\sin\phi = r, \quad (\sigma_v - r)\sin\phi = r,$$

$$\therefore \sigma_{ha} = \frac{r}{\sin\phi} - r, \quad \sigma_v = \frac{r}{\sin\phi} + r, \quad K_a = \frac{\sigma_{ha}}{\sigma_v} = \frac{1-\sin\phi}{1+\sin\phi}$$

三角関数の半角の公式を用いると，

$$\frac{1-\sin\phi}{1+\sin\phi} = \frac{1-2\sin\frac{\phi}{2}\cos\frac{\phi}{2}}{1+2\sin\frac{\phi}{2}\cos\frac{\phi}{2}} = \frac{\left(\sin\frac{\phi}{2}-\cos\frac{\phi}{2}\right)^2}{\left(\sin\frac{\phi}{2}+\cos\frac{\phi}{2}\right)^2} = \left|\frac{1-\tan\frac{\phi}{2}}{1+\tan\frac{\phi}{2}}\right|^2 = \left|\frac{\tan\frac{\pi}{4}-\tan\frac{\phi}{2}}{\tan\frac{\pi}{4}+\tan\frac{\phi}{2}}\right|^2$$

$$= \tan^2\left(\frac{\pi}{4}-\frac{\phi}{2}\right) \qquad よって，7.2.1式が成り立つ。$$

〔演習問題7-2〕

せん断抵抗角ϕが30°，粘着力が0の砂質土からなる裏込土の主働土圧係数K_aと受働土圧係数K_pを求めよ。

〈解答〉

7.2.1式より，　$K_a = \tan^2\left(45° - \dfrac{\phi}{2}\right) = \tan^2\left(45° - \dfrac{30°}{2}\right) = \tan^2(30°) = 0.333$

7.2.5式より，　$K_p = \tan^2\left(45° + \dfrac{\phi}{2}\right) = \tan^2\left(45° + \dfrac{30°}{2}\right) = \tan^2(60°) = 3$

〔演習問題7-3〕

図に示すような背面が滑らかで鉛直な擁壁がある。裏込め土は砂質土で、せん断抵抗角 $\phi = 35°$ である。深さ4mでの有効上載圧 σ_v'、主働土圧 σ_{ha} と静水圧 u_w を求めよ。

〈解答〉

$\sigma_v' = 1 \times 17 + 3 \times (19 - 9.81)$
$= 17 + 27.6 = 44.6$ （kN/m²）

$K_a = \tan^2\left(\dfrac{\pi}{4} - \dfrac{35}{2}\right) = 0.27$

$\sigma_{ha} = K_a \times \sigma_v' = 0.27 \times 44.6$
$= 12.0$ （kN/m²）

$u_w = 3 \times 9.81 = 29.4$ （kN/m²）

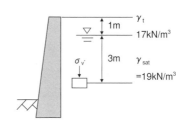

〔演習問題7-4〕

下図に示すような高さが8mの滑らかで鉛直な擁壁がある。擁壁の前面および背面は同質の $\gamma_t = 17$ kN/m³ の砂質地盤からなる。この地盤のせん断抵抗角は35°，粘着力 $c' = 0$。

i) 前面深さ2mにおける鉛直応力 σ_v' およびランキンの主働土圧 σ_{ha} を求めよ。

ii) 背面深さ4mにおける鉛直応力 σ_v' および受働土圧 σ_{hp} を求めよ。

iii) 前面および背面に作用する土圧の合力とその作用位置を求めよ。

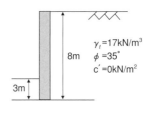

第7章 土圧

〈解答〉

i) $\sigma_v' = 2 \times 17 = 34 \, (\mathrm{kN/m^2})$

$$K_a = \tan^2\left(45° - \frac{35°}{2}\right) = 0.27$$

$\sigma_{ha} = \sigma_v' \times K_a = 34 \times 0.27 = 9.2 \, (\mathrm{kN/m^2})$

ii) $\sigma_v' = 4 \times 17 = 68 \, (\mathrm{kN/m^2})$ $K_p = \tan^2\left(45° + \frac{35°}{2}\right) = 3.69$

$\sigma_{hp} = \sigma_v' \times K_p = 68 \times 3.69 = 250.9 \, (\mathrm{kN/m^2})$

iii) 前面の受働土圧の合力：

$$P_p = \int_0^3 K_p \times \sigma_v' dz = \frac{1}{2} K_p \gamma_t z^2 = 0.5 \times 3.69 \times 17 \times 3^2 = 282.3 \, (\mathrm{kN/m})$$

作用位置は擁壁前面下端より 1m の位置

背面の主働土圧の合力：

$$P_a = \int_0^8 K_a \times \sigma_v' dz = \frac{1}{2} K_a \gamma_t z^2 = 0.5 \times 0.27 \times 17 \times 8^2 = 146.9 \, (\mathrm{kN/m})$$

作用位置は擁壁背面下端より $\frac{8}{3}$ (m) の位置

〔演習問題7-5〕

図に示す高さ6mの擁壁に作用するランキンの主働土圧とその作用位置を求めよ。ただし、裏込め土には等分布荷重 $P_0 = 45\mathrm{kN/m^2}$ が働いている。また、土のせん断抵抗角 $\phi = 30°$、粘着力 $c = 0$、土の単位体積重量 $\gamma_t = 18\mathrm{kN/m^3}$ とする。

〈解答〉

最初に、主働土圧係数 K_a を求めると下式のようになる。

$$K_a = \tan^2\left(45° - \frac{30°}{2}\right) = \frac{1}{3}$$

つぎに上載荷重による主働土圧 σ_{a1}、およ

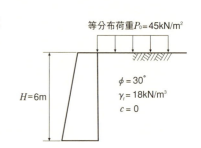

び，裏込め土による底面での主働土圧 σ_{a2} は下式のようになる。

$$\sigma_{a1} = P_0 \tan^2\left(45° - \frac{\phi}{2}\right) = 45 \times \frac{1}{3} = 15\,\mathrm{kN/m^2}$$

$$\sigma_{a2}(z=6) = \gamma_t z \tan^2\left(45° - \frac{\phi}{2}\right) = 18 \times 6 \times \frac{1}{3} = 36.0\,\mathrm{kN/m^2}$$

土圧分布は下図のようになる。土圧合力は等分布荷重による P_1 および裏込め土による P_2 の和であり，作用位置 (h_0) は P_1 および P_2 のモーメントの釣合いから下式により求めることができる。

$$P_1 \times \frac{6}{2} + P_2 \times \frac{6}{3} = P_a \times h_0$$

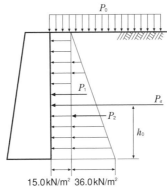

〔演習問題7-6〕

図に示す2層地盤の諸数値が以下のようである場合のランキンの主働土圧分布を算定し，主働土圧の合力およびその作用位置を求めよ。上部土層の厚さは $H_1=6\,\mathrm{m}$，せん断抵抗角 $\phi_1=30°$，単位体積重量 $\gamma_{t1}=17\,\mathrm{kN/m^3}$，下部土層は厚さが $H_2=5\,\mathrm{m}$，せん断抵抗角 $\phi_2=35°$，単位体積重量 $\gamma_{t2}=20\,\mathrm{kN/m^3}$ とする。

〈解答〉

① 上部土層の高さ6mの裏込め土による主働土圧合力P_1

　　$z = 6\,\text{m}$における主働土圧は

$$\sigma_a = \gamma_{t1} z \tan^2\left(45° - \frac{\phi_1}{2}\right) = 17 \times 6 \times \tan^2(30°) = 34.0\,\text{kN/m}^2$$

であるから，$P_1 = (1/2) \times 34.0 \times 6 = 102\,\text{kN/m}$

② 上部土層の裏込め土を等分布荷重として考えた下部土層の土圧合力P_2

　　$P_0 = \gamma_{t1} z = 17 \times 6 = 102\,\text{kN/m}^2$となるから，これによる主働土圧は

$$\sigma_a = P_0 \tan^2\left(45° - \frac{\phi_2}{2}\right) = 102 \times \tan^2(27.5°) = 27.6\,\text{kN/m}^2$$

であり，$P_2 = 27.6 \times 5 = 138\,\text{kN/m}$

③ 下部土層の高さ5mの裏込め土による土圧合力P_3

$$\sigma_a = \gamma_{t2} z \tan^2\left(45° - \frac{\phi_2}{2}\right) = 20 \times 5 \times \tan^2(27.5°) = 27.1\,\text{kN/m}^2$$

であるから，$P_3 = (1/2) \times 27.1 \times 5 = 67.8\,\text{kN/m}$

主働土圧の合力は，①〜③を合計して

　　$P_a = P_1 + P_2 + P_3 = 102 + 138 + 67.8 = 307.8\,\text{kN/m}$

作用位置は，擁壁の下端からh_0として

$$h_0 = \frac{(6 \times \frac{1}{3} + 5) \times P_1 + (5 \times \frac{1}{2}) \times P_2 + (\frac{5}{3}) \times P_3}{307.8} = 3.81\,\text{m}$$

2層地盤の土圧分布を下図に示す。

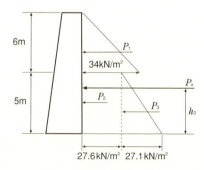

〔演習問題7-7〕

下図を用いて7.2.9式を証明せよ。

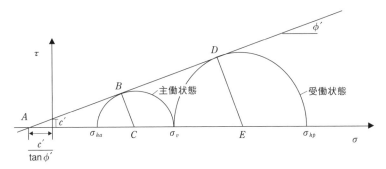

〈解答〉

主働状態のモールの応力円はクーロンの破壊基準に接している。上図より直角三角形ABCにおいて下式が成り立つ。

$$\left(\frac{c'}{\tan\phi'}+\sigma_{ha}+\frac{\sigma_v-\sigma_{ha}}{2}\right)\sin\phi' = \frac{\sigma_v-\sigma_{ha}}{2}$$

これをσ_{ha}について解けば，$\sigma_{ha} = \dfrac{1-\sin\phi'}{1+\sin\phi'}\sigma_v - 2c'\dfrac{\cos\phi'}{1+\sin\phi'}$

受働土圧の状態も図中に示してある。直角三角形ADEにおいて下式が成り立つ。

$$\left(\frac{c'}{\tan\phi'}+\sigma_v+\frac{\sigma_{hp}-\sigma_v}{2}\right)\sin\phi' = \frac{\sigma_{hp}-\sigma_v}{2}$$

これをσ_{hp}について解けば，$\sigma_{hp} = \dfrac{1+\sin\phi'}{1-\sin\phi'}\sigma_v + 2c'\dfrac{\cos\phi'}{1-\sin\phi'}$

第8章

斜面の安定

第8章 斜面の安定

　台風のシーズンにはしばしばテレビで，大雨に伴うがけ崩れや斜面崩壊のニュースに接することがある。わが国の場合，平地が少なく，住居を山の斜面に建てている場合も結構ある（図8.1.1 (a) 参照）。また，裏山の斜面が崩壊して，建物が破壊されることもある。一方，大都会周辺では傾斜地を切り盛りした人工的斜面の安定性の検討も重要な課題である（図8.1.1 (b)）。そのほか，建物基礎を構築する場合，山留め壁なしで地下を掘削する場合に生じる切土斜面の安定の問題や掘削に伴う山留め壁根入れ部先端を含むすべり崩壊などの問題がある。この章は斜面安定の考え方，評価の方法について簡単に説明する。

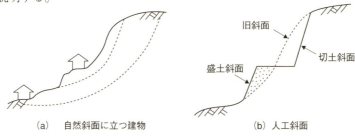

(a) 自然斜面に立つ建物　　　(b) 人工斜面

図 8.1.1　斜面安定が問題になる例

8.1 斜面安定の基本的な考え方

　本書では斜面の自重および地震力による安定性の評価法について述べる。特殊な地質地帯で生じるクリープ変形に伴ういわゆる「地滑り破壊」については他の専門書を参考されたい。斜面の崩壊は基本的には地盤のすべり破壊である。その考え方は，図8.1.2に示すように，地中のあるすべり面に加わる滑動力（重力，地震力）の総和（S）（あるいはすべりモーメントの総和（M_D））と，すべり面に沿って発揮される地盤のせん断抵抗の総和（T）（あるいは抵抗モーメントの総和（M_R）とを比較して，すべりに対する地盤の安定性を評価する方法が広く用いられている。安定性は安全率 F_s の形で，8.1.1式あるい

172

は8.1.2式のように表される。ここで、図8.1.2を用いて地震力を除いた滑動力Sとせん断抵抗力Tについてもう少し説明しておこう。斜面を滑らせようとする力は図8.1.2に示すように斜面の自重Wのすべり方向の成分Sである。一方、これを止めようとするせん断抵抗力Tは第6章で学んだ土のせん断強度τ（$= c + \sigma \tan \phi$）より求められる。σによるすべり面への垂直力は斜面の自重Wのすべり面の法線方向成分Pである。せん断抵抗力Tはせん断強度τとすべり面の面積との積で表される。

$$F_s = \frac{\text{すべり面に沿って発揮しうる地盤のせん断抵抗力の総和}}{\text{すべり面より上にある地盤に作用する滑動力の総和}} = \frac{\Sigma T}{\Sigma S} \qquad 8.1.1$$

$$F_s = \frac{\text{すべりに抵抗するモーメントの総和}}{\text{すべろうとするモーメントの総和}} = \frac{\Sigma M_R}{\Sigma M_D} \qquad 8.1.2$$

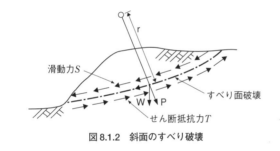

図8.1.2 斜面のすべり破壊

8.2

直線斜面の安定性

まず、もっとも単純な地下水のない直線的な斜面の場合の安定性について考えてみよう。図8.2.1に示すような無限の長さを持つ直線斜面では、すべり面は斜面に平行であると考えられる。このすべり面の傾斜角をα、斜面の表面からすべり面までの深さをhとし、幅b、斜面に直角な方向に単位長さを持つ重量Wの任意の土塊ABCDの安定性を考えてみよう。この土塊のCD側面にはH及びVなる力が作用しているが、AB側面にも同じHおよびVなる力が

第8章 斜面の安定

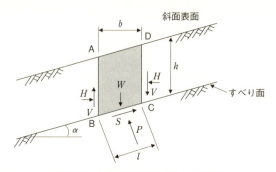

図8.2.1　無限長の直線斜面のすべり破壊

作用していると考えてよい。つまり，任意の土塊の側面に働いている力は常に釣り合っているので，力の釣り合いを考えるときは消去していると考えてよい。このような仮定のもとに，土塊ＡＢＣＤの自重Wによりすべり面に垂直な方向およびすべり面方向にはそれぞれPおよびSなる垂直力とせん断力が働いている。このとき，すべり面に垂直な方向およびすべり面方向の力の釣り合いはそれぞれ8.2.1式および8.2.2式で表される。

$P = W\cos\alpha$　　　　　　　　　　　　　　　　　　　8.2.1

$S = W\sin\alpha$　　　　　　　　　　　　　　　　　　　8.2.2

そして，すべり面において破壊が生じるときには，8.1.1式の考えから，破壊の条件式は8.2.3式のように表される。ここで，cとϕはそれぞれ地盤の粘着力とせん断抵抗角で，lは土塊ABCDのすべり面での長さである。

$$F_s = \frac{T}{\Sigma S} = \frac{P\tan\phi + c \cdot l}{S}$$　　　　　　　　8.2.3

図8.2.1より，土塊の重量Wと幅bは8.2.4式で表される。8.2.4式を8.2.1および8.2.2式に代入してPおよびSを求め，それらを8.2.3式に代入すると，すべり安全率F_sは8.2.5式で表される。

$W = \gamma_t \cdot b \cdot h \cdot 1, \quad b = l \cdot \cos\alpha$　　　　　　　8.2.4

　γ_tは地盤の単位体積重量

$$F_s = \frac{\tan\phi}{\tan\alpha} + \frac{c}{\gamma_t \cdot h} \cdot \frac{1}{\cos\alpha \sin\alpha}$$　　　　　　　8.2.5

8.2.5式よりすべり安全率はせん断抵抗角ϕによる部分と粘着力cによる部分

8.2 直線斜面の安定性

から成り立っていることがわかる。今，$c = 0$ の砂質土の場合について考えてみよう。8.2.5式は8.2.6式のようになる。このことは，砂質土からなる斜面の場合，すべり安全率はすべり面の深さhには無関係であることがわかる。そして，斜面の傾斜角がせん断抵抗角と等しくなると斜面はすべり破壊することになる。

$$F_s = \frac{\tan\phi}{\tan\alpha} \qquad\qquad 8.2.6$$

一方，粘着力は$c/(\gamma_t \cdot h)$ の形ですべり安全性に影響してくる。つまり，安全率はすべり面の深さhに依存していることがわかる。今，せん断抵抗角ϕより多少大きいすべり面の傾斜角αを持つ粘着力を有する一様な土からなる斜面が存在すると仮定してみよう。この斜面では安全率が深さとともに低下してゆき，ある深さに達したとき，$c/(\gamma_t \cdot h)$ がゼロに近づくから，その深さでF_s=1.0となって，すべりが発生する。このことは，同じϕとcを持つ地盤でも，粘土層が深いところに存在するとすべり破壊の危険性が大きいことを意味している。別な見方をすれば，浅い部分でのすべり安定性は粘着力に支配されるが，深い部分のすべり安定性はせん断抵抗角に支配されるということである。

次に，雨水等で斜面内に水がしみ込んでいて，地下水面からすべり面までの距離とすべり面深さhとの比がβである場合について考えてみよう。斜面に垂直な方向の力Pと斜面方向の力Sはそれぞれ，8.2.7式と8.2.8式で表される。

$$P = W\cos\alpha = \{(1-\beta)\,\gamma_t + \beta\,\gamma_{sat}\}\,b \cdot h \cdot \cos\alpha \qquad\qquad 8.2.7$$

$$S = W\sin\alpha = \{(1-\beta)\,\gamma_t + \beta\,\gamma_{sat}\}\,b \cdot h \cdot \sin\alpha \qquad\qquad 8.2.8$$

ここで，γ_{sat}は地盤の飽和単位体積重量

今，地下水面がすべり面より$\beta \cdot h$の上に存在しているので，地盤の水中単位体積重量をγ'とすると，すべり面に垂直な方向に働いている有効重量P'は8.2.9式で表される。このとき，安全率F_sを有効応力で表示すると，8.2.10式のように表される。ここで，β=1.0，つまり，地下水面が地表面に一致するとき，F_sが1となる限界のすべり面の深さH_cは8.2.11式で表される。

$$P' = W'\cos\alpha = \{(1-\beta)\,\gamma_t + \beta\,\gamma'\}\,b \cdot h \cdot \cos\alpha \qquad\qquad 8.2.9$$

$$F_s = \frac{\{(1-\beta)\,\gamma_t + \beta\,\gamma'\} \cdot b \cdot h \cdot \cos\alpha \cdot \tan\phi + c' \cdot l}{\{(1-\beta)\,\gamma_t + \beta\,\gamma_{sat}\}\,b \cdot h \cdot \sin\alpha} \qquad\qquad 8.2.10$$

175

第8章　斜面の安定

$$H_c = \frac{c'}{\gamma_{sat}(\tan\alpha - \gamma'/\gamma_{sat}\cdot\tan\phi)\cos^2\alpha}$$　　　　8.2.11

$$F_s = \frac{(1/\beta - 1)\gamma_t + \gamma'}{(1/\beta - 1)\gamma_t + \gamma_{sat}}\frac{\tan\phi}{\tan\alpha}$$　　　　8.2.12

$$F_s = \frac{\gamma'}{\gamma_{sat}}\frac{\tan\phi}{\tan\alpha}$$　　　　8.2.13

　一方，斜面が$c = 0$の砂質土とすると，安全率F_sは8.2.12式で表される。

　βが大きくなると，安全率F_sが低下することがわかる。特殊な場合として，地下水面と地表面が一致すると，$\beta = 1.0$となり，安全率F_sは8.2.13式となり，すべり安全率はすべり面までの地層の厚さhに無関係であることがわかる。今，仮にγ_{sat}が20kN/m³とすると，$\gamma' = \gamma_{sat} - \gamma_w = 10.2$kN/m³となり，すべり面までの地層に水がない場合に比べてすべり安全率はほぼ$1/2$に低下することがわかる。この場合斜面が安定している限界は$\tan\alpha \fallingdotseq 0.5\tan\phi$となり，ほぼ$\alpha \fallingdotseq 0.5\phi$となる。

8.3

円弧すべり面による安定解析

　実際の斜面は8.2節において検討した一様傾斜で無限長の斜面であることは稀で，大多数の斜面は複雑な形状をしており，すべり面も直線で近似することが困難である。このような場合は図8.3.1に示すように，すべり面を円弧と仮定して，これより上の土塊を複数個の帯片に分割して，安定解析することが広く行われている。この解析法は円弧すべり法と呼ばれている。

8.3.1　円弧すべり法の基本的な考え方

　円弧すべり法による安定計算の基本的な考え方を以下に示す。
①図8.3.1に示すように，中心Oを固定し，仮定した半径rを変化させて，対象

176

8.3 円弧すべり面による安定解析

斜面内にいろいろな円弧すべり面を仮定し、すべり面に対する安全率を求める。その中で、最小な安全率をO点におけるすべり安全率とする。

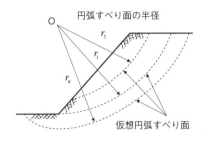
図8.3.1 任意の点Oを中心とするすべり円弧の最小安全率を求める

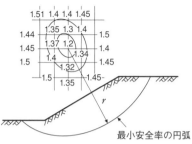
図8.3.2 斜面の最小すべり安全率の決定方法

② 次に、O点の位置を適切に変えて、①と同じような検討を行い、それぞれO_i点における最小なすべり安全率を求める。このような計算を繰返して行うと、図8.3.2に示すような異なる位置にあるO点でのすべり安全率の分布図を作成できる。

③ 次に、これらの最小安全率の等値線（コンター）を描き、コンターの中心点の持つ安全率がこの斜面が持つ最小のすべり安全率となる。図8.3.2の例では、最小すべり安全率は1.2ということになる。

8.3.2 円弧すべり法による安全率の計算方法

まず、8.3.1節①項に示すように、ある中心O点を固定したときの任意のすべり面における安全率を求める計算法について説明する。図8.3.3に示すように、円弧の半径をr、その中心をOとし、すべり面より上の部分をn個の帯片に分割し、i番目の帯片について力の釣り合い式を作ってみる。この帯片の幅をb_i、高さをh_i、底面の長さをl_i、底面の勾配をα_i、そして帯片の重量をW_iとする。帯片の側面にはH_iとH_{i+1}およびV_iとV_{i+1}なる力が作用している。しかし、通常円弧すべりによる安定計算では各帯片の側面に働くこれらの力は釣り合っていると仮定して無視している。このことにより、ここに示す安定解析法は通常簡便法と呼ばれている。この仮定が成り立つと、i番目の帯片のすべり面に働く垂直力をP_i、せん断力をS_iとして、すべり面に垂直な方向の力の釣り合い、

177

第8章 斜面の安定

およびすべり面方向の釣り合いの式を立てると8.3.1式と8.3.2式のようになる。

$$P_i = W_i \cdot \cos \alpha_i \qquad 8.3.1$$

$$S_i = W_i \cdot \sin \alpha_i \qquad 8.3.2$$

次に，円弧すべり面全体に対する安全率をF_sとすると，すべり面の半径rはすべての帯片に対して一定である。8.1.2式を適用して，8.3.3式が成り立つ。すべり面に過剰間隙水圧U_iがある場合は，8.3.4式は8.3.5式となる。

$$F_s = \frac{\Sigma (P_i \cdot \tan \phi_i + c_i \cdot l_i) r}{\Sigma S_i \cdot r} = \frac{\Sigma (P_i \cdot \tan \phi_i + c_i \cdot l_i)}{\Sigma S_i} \qquad 8.3.3$$

8.3.1式と8.3.2式を8.3.3式に代入すると，8.3.4式を得る。

$$F_s = \frac{(W_i \cdot \cos \alpha_i \cdot \tan \phi_i + c_i \cdot l_i)}{W_i \cdot \sin \alpha_i} \qquad 8.3.4$$

$$F_s = \frac{(W_i \cdot \cos \alpha_i - U_i) \tan \phi_i + c_i \cdot l_i}{W_i \cdot \sin \alpha_i} \qquad 8.3.5$$

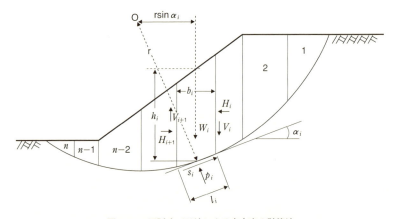

図8.3.3 円弧すべり法による安全率の計算法

安定解析における安全率の値は今説明した計算法における仮定に伴う誤差のほか，計算に用いる土のパラメーターの評価誤差も含まれている。このようなことから，「建築基礎構造設計指針」では常時安定の検討として1.2，使用限界状態検討として1.5と大きな値を用いている。山留め設計施工指針（仮設）では$F_s = 1.2$としている。

これで，前節の①項に示す，あるO点のもとに仮定した一つのすべり面におけるすべり安全率F_sを求めたことになる．続いて，②項および③項の手順に従い，各O点で求めた最小安全率を用いて安全率のコンターを作成し，あらゆる場合を含めて，検討対象斜面の最小なすべり安全率を求める．これで目指す検討結果を得たことになる（図8.3.2）．

8.3.3 地震時の斜面安定

地震時に斜面が基礎地盤と一体になって動くと考えて良いような高さがあまり高くない自然斜面や盛土の地震時安定性の評価は震度法が広く用いられている．震度法の考え方は地動加速度の鉛直及び水平成分をα_v，α_hとして，重力加速度gとの比を$k_v = \alpha_v/g$，$k_h = \alpha_h/g$とすると，すべり土塊に作用する常時の重量Wに加えて，k_vW，k_hWの地震荷重をそれぞれの方向に付加して安定解析を行う．近年の地震観測で，直下型地震では大きな鉛直動が観測されているが，通常の検討では鉛直震度を無視して，水平震度のみを考慮することが多い．これは既往の事例検討において鉛直震度の影響は小さく（大きくて，10％以内），無視できる場合が多いからである[43]．

斜面内で一定の水平震度を考慮する震度法では，帯片側面に働く力を無視した釣り合いに水平力k_vWを加えて考える．斜面から外向きに働く地震力k_hWは，すべり面上の垂直力を$k_hW\sin\alpha$だけ減ずる作用（8.3.6式）と，滑動モー

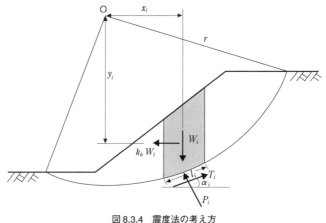

図8.3.4　震度法の考え方

メントを$k_h W y_i$だけ増加させる作用に寄与する（8.3.7式）から（図8.3.4参照），安全率は8.1.2式の考えに従い，8.3.8式のように表される。なお，U_iは帯片内に生じている過剰間隙水圧である。

$$P_i = W_i \cdot \cos \alpha_i - k_h W_i \sin \alpha_i - U_i \qquad 8.3.6$$

$$M_i = W_i \cdot X_i + k_h W_i y_i \qquad 8.3.7$$

$$F_s = \frac{\Sigma \{(W_i \cdot \cos \alpha_i - k_h W_i \sin \alpha_i - U_i) \tan \phi_i + c_i \cdot l_i\} \times r}{\Sigma (W_i \cdot x_i + k_h W_i y_i)} \qquad 8.3.8$$

〔演習問題8-1〕

図に示すような，傾斜角20°をなす無限長の斜面がある。層構成は，地表から2mは砂層で，2m以下が硬質な地盤である。斜面の安定に対する安全率を求めよ。なお，砂地盤の粘着力cはゼロ，せん断抵抗角は30°とし，土の単位体積重量を16kN/m³とする。

また，降雨により斜面内に水がしみ込み，地表から0.5mの位置に地下水面がある場合の安全率を求め，地下水がない場合の安全率と比較せよ。なお，土の単位体積重量は地下水位以浅では16kN/m³，地下水位以深では19kN/m³，水の単位体積重量は9.8kN/m³とする。

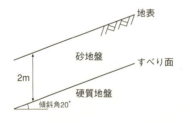

〈解答〉

粘着力がゼロなので，斜面安定の安全率は，8.2.6式より，下記となる。

$$F_s = \frac{\tan \phi}{\tan \alpha} = \frac{\tan 30°}{\tan 20°} = 1.6$$

地下水（地表より0.5m）がある場合

粘着力はゼロなので，斜面安定の安全率は，8.2.12式を用いる。なお，すべり面の深さ2mに対し，地下水面の位置が地表から0.5mなので，地下水面の高さの比βは0.75（= 1.5/2）となる。

$$F_s = \frac{(1/\beta - 1) \gamma_t + \gamma'}{(1/\beta - 1) \gamma_t + \gamma_{sat}} \frac{\tan \phi}{\tan \alpha} = \frac{(1/0.75 - 1) 16 + (19 - 9.8)}{(1/0.75 - 1) 16 + 19} \frac{\tan 30°}{\tan 20°} = 0.95$$

したがって，地下水があることで，斜面安定の安全率は1.6から0.95に低下する。

第9章

基礎構造の役割

第9章　基礎構造の役割

9.1

基礎構造はどのようにして上部構造を支えているのか

　建物の上部構造の自重（積載荷重含む）は恒常的に基礎にかかっている。そして，この荷重を確実に基礎で受け止め，地盤が支持することが要求される。基礎を含めた建物荷重は基礎を介して直接地盤へ伝える方法（直接基礎）と杭を介して地盤へ伝える方法（杭基礎）等がある。建物から基礎に伝わる主な荷重は自重のほかに地震荷重とか風荷重がある。自重が鉛直方向の荷重であるのに対して地震荷重や風荷重は水平方向の荷重として建物に作用し，そして基礎に伝えられる。図9.1.1は建物の形状と基礎にかかる自重と地震荷重の様子を示したものである。自重のような鉛直荷重は建物形状に関係なく基礎が平均して分担し，地盤に伝達する。地震などの水平力は建物の形状によって基礎にかかる荷重は水平力だけでなく，回転力も作用するため，その反力として，鉛直方向の荷重の増減が発生する。このような荷重を想定して基礎がどのくらいまで荷重を伝達できる機能を維持させるか，またその下に

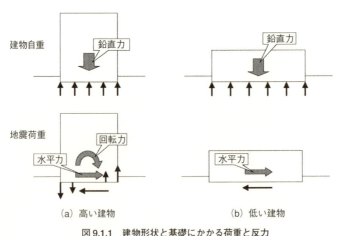

図 9.1.1　建物形状と基礎にかかる荷重と反力

ある地盤はどのくらいの荷重まで支持できるか，そのためには基礎から地盤へどのように荷重を伝えていくか，また基礎の形式はどうするのか，あるいは杭を使うのであれば，どのくらいの深さまでの杭であれば想定される荷重を支持できるかを検討する必要がある。このように基礎構造の役割は上部構造からくる荷重を確実に地盤へ伝達することであり，地盤はその荷重を確実に支持することが求められる。そのためには基礎構造の部材（基礎スラブ，基礎フーチング，杭など）がどのような機能を持ち，どのような仕様で作れば良いかを決めることが基礎構造の設計である。そのためには基礎構造の部材についての知識と地盤の知識（第1章から第8章）が必要になる。

9.2 基礎の発展の経緯

基礎構造は図9.2.1に示すように直接基礎と杭基礎に大別される。最近はこれに両者を組み合わせた併用基礎（第12章）も採用されるようになってきた。特に最近の杭の施工技術の発達は著しく，軟弱な地盤においても大規模な構

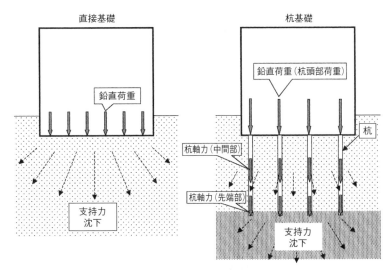

図9.2.1　直接基礎と杭基礎

第9章　基礎構造の役割

造物を容易に支持できるようになってきている。

　基礎の歴史は地業として取り扱われた時代には，そのほとんどが木杭（松杭）で長さも 5 〜 6 m 程度のものが多かった。その後ペデスタルパイルのようなコンクリート製の杭を経て，プレストレスの入った既製コンクリート杭（PC杭，PHC杭）や鋼管杭などが使われ始めて，施工できる杭の長さも 10 m を越えるようになり，軟弱地盤が厚く堆積する敷地にも建物を支持できる基礎が施工できるようになってきた。さらに，建物の大型化・高層化に伴い，増加した柱荷重への対応として，直径の大きな場所打ちコンクリート杭工法が発達してきた。ところで，杭の施工法発達で忘れてならないのは騒音・振動問題に対する対応である。杭は地盤にハンマーで打ち込む方法（打込み杭工法）が広く行われてきた。支持力を得るという面ではこの方法がもっとも有効である。しかし，市街地でこの方法で杭を施工すると，騒音・振動が周辺の構造物に大きな影響を及ぼす。このため市街地における杭の施工法は打込み工法から土を掘削して杭を設置する埋込み工法に変化してきた。さらに最近は掘削で生じる排土あるいは掘削時に用いるベントナイト泥水やセメント混じり泥水の残りが産業廃棄物になり，その対応のため，掘削による排土を出さない施工法も工夫されている。

9.3

基礎と地盤の役割

　基礎はその下部あるいは周辺に地盤があり，建物から伝達された荷重は基礎を介して地盤へ伝達される。その意味では地盤は構造体であり，その力学特性をどのように把握するかが重要になる。地盤の力学特性は複雑だが，主なポイントは 2 つある。1つは地盤の強度は一定ではなく，拘束圧依存性（特に砂地盤）が大きいことである（第6章参照）。粘着力のない砂地盤ではせん断抵抗角が大きいだけでは強度は得られず，地盤に拘束圧が働いて始めて大きなせん断強度を発揮する（6.2.1式及び6.3節参照）。一方，粘土は過去において大きな拘束圧で圧縮されると（過圧密状態）その強度を増加させる（6.4節

184

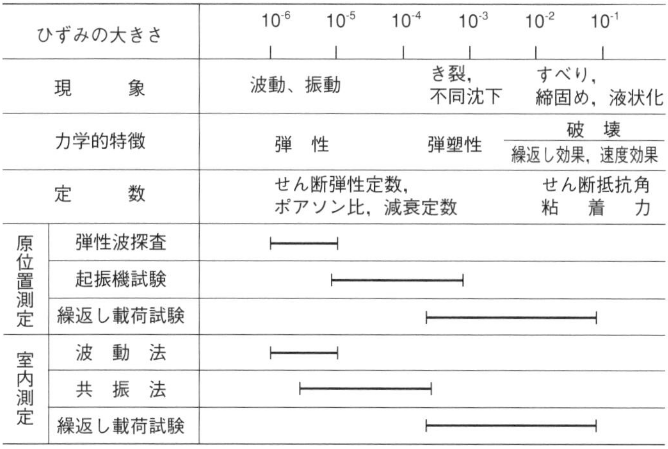

ひずみの大きさ	10^{-6}	10^{-5}	10^{-4}	10^{-3}	10^{-2}	10^{-1}
現　象	波動、振動			き裂，不同沈下	すべり，締固め，液状化	
力学的特徴	弾　性			弾塑性	破　壊 繰返し効果，速度効果	
定　数	せん断弾性定数，ポアソン比，減衰定数				せん断抵抗角 粘　着　力	
原位置測定　弾性波探査	├───────┤					
起振機試験		├───────────┤				
繰返し載荷試験				├───────────────┤		
室内測定　波　動　法	├───────┤					
共　振　法		├───────────┤				
繰返し載荷試験				├───────────────┤		

図 9.3.1　ひずみの大きさと土の性質の変化[44]

参照）。もう1つとして，土の剛性はひずみで大きく変化すること（ひずみ依存性（図10.3.2参照））である。図9.3.1は土のひずみレベルによる力学特性の変化を示したものである。微小地震などではひずみレベルは10^{-5}程度で，建物荷重が作用するとひずみレベルは$10^{-4}\sim10^{-3}$程度になり，地盤の強度がフルに発揮されるレベルは10^{-2}程度というように変化する。一方，大地震になれば軟弱地盤などでは10^{-2}程度までひずみが進行するので，検討すべき対象にあったひずみレベルから地盤の剛性を適切に評価することが重要である。

9.3.1　地盤の強度特性評価方法の注意

　基礎の合理的な設計には地盤の性質の適切な評価が不可欠であることはすでに述べた。一方，1.5節で述べたように，一見同じような地盤でも，堆積年代，堆積環境などにより，地盤の性質は大きく異なる。実務において，建物の建設には必ず地盤調査を行っているのはこのためである。このような考えから，敷地地盤から土試料を採取して，室内実験により地盤の性質を調べるのは最も正統な方法であることは明らかである。一方，これにはそれ相応の時間と費用がかかる。その上，6.6節で注意したように，試料の採取法が妥当性を欠くと，費用と時間をかけても，地盤の性質を正しく把握できない場合がある。砂地盤で言えば，静的強度特性であるせん断抵抗角の評価は試料採

第9章　基礎構造の役割

取法の影響は比較的小さい（図6.6.4参照）。これに対して液状化強度は試料採取法の影響は相当に大きい（図6.6.2参照）。ひとつの対処方法としては，せん断抵抗角の場合，高品質の不攪乱試料で得られたデータに基づく経験式（図6.3.3参照）を活用することができる。この場合でも，多種多様の地盤のデータに基づく経験式であるから，データには幅がある。したがって，この経験式の活用に当たっては，取り扱っている地盤の特性，問題の重要性，技術者としての経験などを勘案して，経験式をそのまま使うのか，あるいはデータの下限値を使うのかの適切な判断が必要である。液状化強度の評価については，不攪乱試料の実験結果に裏打ちされた簡易判定法（6.3.2節参照）により評価することができる。この場合も，やはりデータにはバラツキがあるので，必要があれば，1.6節に示す凍結サンプリング法により高品質な不攪乱試料を採取して，しっかりと評価することが望ましい。

　一方，粘性土地盤では，古くから，鋭敏比（6.6.1式参照）という用語で知られているように，練り返しにより地盤の強度特性は著しく低下する場合がある。試験結果は試料採取法に大きく影響を受ける。試験試料が採取時に攪乱を受けているかどうかの評価方法は，その地盤のほかのデータとの相対的な比較などを参考にして判断されるべきものであり，試料が乱れの少ないサンプリング方法によって採取されたかの見極めも地盤基礎技術者の大事な仕事である。さらに，深い地盤（20〜30 m以上）から採取される試料は，乱れによる影響のほか，不可避な拘束圧の除荷による試料のひび割れの発生が懸念されるので慎重な判断が求められる。そして，そのおそれがあるときは，3軸圧縮試験（ＵＵ試験）により，拘束圧の除荷により生じたひび割れを元に戻して，強度を求めるのが妥当である（6.4節参照）。なお，粘性土のN値からq_u値（あるいはc_u値）を求める方法も提案されているが，その相関は低く，あまり参考にすべきではない。

　実務でしばしば粘性土の非排水せん断強度を一軸圧縮試験により求めることが行われる。それは，三軸試験よりも一軸圧縮試験が簡単だからである。ところで，粘性土地盤の非排水せん断強度を一軸圧縮試験により求めることができるのは暗黙のうちに「試料の含水状態が地盤中にあるときと試験時では変化がない」という条件が成り立つことが前提になっている。ここで，こ

の前提の意味するところについて説明しておこう[38]。

粘性土を一軸状態（裸の供試体にゴム膜をかけることなく）で適切な速度（通常1％/min程度）で載荷すると，粘性土の透水係数が非常に小さいため，ゴム膜をかけなくとも，せん断中に供試体から間隙水が外部へ排出されることがない（非排水条件）ため，非排水せん断試験とみなすことができる。しかも，6.4節で説明したように，非排水条件の下では，全応力が変化しても，その分だけ，供試体の中に同じ量の間隙水圧が発生し，破壊時のモールの応力円の大きさ，つまりせん断強さは変わらないで，全応力が変化した分だけ，平行移動するだけである。つまり，見かけ上，全応力がゼロの非排水せん断試験を行ったことになる。ところで，このような考えで，得られる強度が原位置での非排水せん断強度を示すためには，地盤中にある全応力p_oが地上に取り出されて，$p_o=0$になったとき，$p_o-0=p_o$の分だけ供試体の中の間隙水圧が同じく低下していなければならない。これが，毛管負圧と呼ばれるものである。このことを保障するためには，地中から試料を取り出してから試験するまでの間に，供試体の含水状態に変化がないことが必要である。これは，供試体が外部の水分に接すると，負圧によりその水分を吸引しようとするからである。外部の水分を吸引すれば，供試体は膨張して，地盤中にある骨格構造が崩壊する。そして，地盤中の有効応力状態から変化してしまって，一軸圧縮試験では地盤中にあったときの非排水せん断強度は得られないことになる。したがって，一軸圧縮試験については，簡便ではあるが，今説明した前提の確保に細心の注意を払う必要がある。

9.3.2 地盤の変形特性評価方法の注意

直接基礎の即時沈下を求めるときには地盤の剛性を求めることが必要になる。強度を求めるのと同様に現地から採取した試料を土質試験によりその剛性を求めることが基本である。しかし，土の変形特性は地盤の種類にかかわらず，強度以上に試料攪乱の影響を受けやすいので要注意である（図6.6.5参照）。基礎の沈下を評価するためには，10^{-4}から10^{-3}程度のひずみレベルでの地盤の変形特性を精度よく求めることが必要になるので，土質試験での慎重な対応が必要になる。このひずみレベルでの変形係数は6.5節に示した繰返し

変形試験で求めることが良い。なお，6.6節に示す結果により，以下の方法で地盤の変形特性を再調整試料より推定することが可能である。実務では，主として地震応答解析に用いるせん断剛性Gとせん断ひずみγの関係を求めるのに用いられている。つまり，図6.6.6に示すように，$G/G_0-\gamma$関係は試料の攪乱の影響をほとんど受けないことがわかっている。そこで，再調整試料で$G/G_0-\gamma$を求め，1.6節に示す地盤の弾性波速度試験によりせん断波速度（V_s）を求めて，6.5.7式によりG_0を求めれば，地盤の$G-\gamma$関係を推定できることになる。あとは該当する地盤とか建物条件を勘案したひずみレベルから剛性を求め，ポアソン比を適切に設定すれば（通常実験では，飽和試料で非排水条件で行うので，ポアソン比を0.5と仮定している），6.5.6式により必要な変形係数Eが求められる。簡便な方法としては，そのほかには過去の沈下実測と地盤調査結果（N値）との相関から求めたものがあり，目安をつける意味で使用できる。図9.3.2はその一例である。相当のバラツキがあり，その適用には慎重な配慮が望まれる。特に長期荷重での沈下などを精度よく求めたいならば，前述の精度の高い方法で求めるようにすべきである。

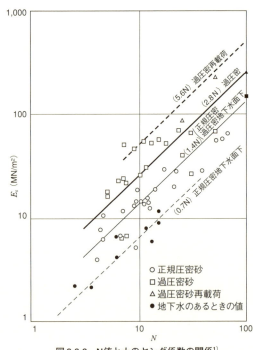

図9.3.2　N値と土のヤング係数の関係[1]

9.4 地震と基礎構造

　基礎構造の耐震設計で考える外力は地震荷重を受けた上部構造の応答力である。しかし，その前に地震動は地盤を通して建物に伝達される。そして，地震時（特に大地震）の地盤の応答特性は上部構造に大きな影響を与えることが知られている。厳密にはいわゆる地震基盤に想定される地震波を与えて，その上部の地盤および基礎を含む構造全体をモデル化して応答解析を行い，その結果として基礎にどのような外力がかかるのか，あるいは地盤自体はどのような挙動をするのかを評価した設計がなされるべきであり，重要構造物ではそのような検討が行われる場合もある。しかし通常はその過程を省略して，上部構造物がこのように応答するはずであるとの前提で基礎構造を設計する。つまり，地震荷重により基礎および地盤がどのようになるのか，そのときに構造機能（基礎含む）に問題はないか，あるとすればどのように構造躯体の仕様を変更するかの手順が通常の基礎設計における耐震検討（構造設

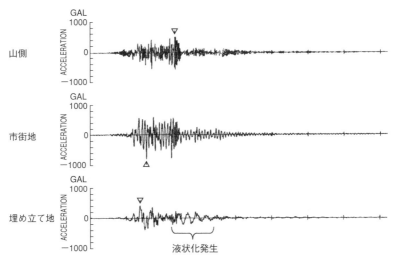

図 9.4.1　阪神大震災で観測された地盤条件別の地震の波

第9章　基礎構造の役割

計の一部）である。

地盤は岩盤のような固いものと沖積地盤が厚く堆積する軟弱地盤ではその振動特性は大きく異なる。図9.4.1は阪神大震災のときに記録された異なる地盤条件での地震波（加速度記録）を示したものである。山側は地盤が非常に硬く，地震波は短周期成分が卓越している。表層部が軟弱な地層から構成されている市街地では，地震波が長周期化し，埋め立て地盤になると長周期化がさらに進み，地震動の継続中に液状化すると，そのことが一層明瞭になる。このように，建物を振動させる地震は基礎地盤の硬軟によりその特徴を大きく変えるので，その特性を理解して設計を行うことが重要になる。軟弱地盤が大地震を受けると飽和砂地盤は強度がなくなる液状化の恐れがあり，粘性土地盤では液状化しないがその剛性が大きく低下して，基礎に地盤自体が外力として作用するような変形が発生するので注意が必要である。

9.5

基礎の耐久性

基礎構造の耐久性については，まだ未解明のことも多い。小規模な戸建て住宅の基礎や地下なしの基礎のように，地下水面より上にあるものは，上部構造の耐久性と基本的には変わらない。しかし，規模が大きくなり，かつ地下室が地下水面より深くなると，室内は別として，地盤に接するところはその劣化は遅延することが推察される。更に地下水面以下であれば，コンクリート杭はその劣化のメカニズムから判断して空中での劣化に比べてその速度は相当に減少することが予想されるし，またそのような報告もされている。実際，50年以上前に施工された木杭（松杭）が改築のために掘り出されることがあるが，大半の場合，その劣化は少なく，杭体自体はまだ十分にその性能を維持している例が多い。

基礎の耐久性は，上部構造のように簡単に調査を実施できないために，データが少なく，実態も不明なことが多い。例えばコンクリート材でできているような基礎は，前述の理由により，空中と比べて劣化の原因である炭酸ガ

190

スとの接触程度に大きな差があり，劣化の進捗は遅れ，更に水中であればその遅れはもっと大きいことが予想される。一方，土の酸性が高い場合は，逆に中性化が促進されることも考えられ，地盤の特性がその耐久性に大きな影響を持っている。例えば温泉地などでは，地盤の酸性が強い場合がある。そのため，コンクリート基礎の劣化が促進されることが予想されるので，その評価には慎重な対応が望まれる。また地下室などでも地下水位以下であれば，地下室には特別な対策を施さない限り，地下水が浸透してくることが予想される。その場合，地下室の内壁は空気と接していながら水分の供給を受けているような環境となり，上部構造のように空気のみに接している場合に比べて，劣化は進行するのかどうかはその判断が難しい。

9.6 基礎の設計手順

基礎設計の手順を概略的に示すと図9.6.1のようになる。

(1) 建物条件の把握

どのような建物（用途，規模，平面計画など）が計画されているのか，設備計画上の要求，什器などに関する要求などを十分に把握する。

(2) 敷地と周辺状況の把握

現地踏査も踏まえ，敷地の状況（広さ，形状，高低差，地理的位置等），地中・地上障害の状況，近隣構造物の状況，敷地周辺の社会状況（騒音・振動規制，作業時間などの工事規制等），周辺道路状況（道路幅員，交通規制，交通事情等），近隣工事の概要などを十分に把握する。

(3) 基礎の要求性能の設定

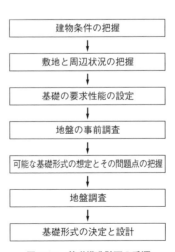

図9.6.1 基礎構造計画の手順

第9章　基礎構造の役割

建物条件等から想定される基礎の性能を決めることが必要になる。そのために，通常の建物使用時（「常時」あるいは「長期」とも称する）には基礎はどの程度の支持性能が必要か，地震時には基礎にどのくらい損傷を許容するのか，その場合の構造部材の性能，仕上げ部材の性能，設備機器の性能はどの程度になっているかなどを十分に理解して基礎の要求性能を設定することが必要である。

（4）地盤の事前調査

現地踏査も含まれるが，既存の地盤図，周辺地形図，関連文献，あるいは近隣での地盤調査結果を出来る限り集めて，敷地地盤の状況を把握することが必要であり，場合によっては予備調査（パイロットボーリング）を行うことも必要になる。

（5）可能な基礎形式の想定とその問題点の把握

建物条件，周辺環境，地盤概要が把握できれば可能な基礎形式の想定とその問題点などが検討できる。このときには敷地の構造的な安全性として液状化の可能性（6.3.2節参照），支持地盤の連続性，層厚，深さ，傾斜，凍結深度，地盤沈下（第5章参照），傾斜地の安定性（第8章参照）等の問題点の把握が必要である。また環境対応として騒音・振動，敷地での土壌汚染，掘削土砂，産廃の搬出・処分方法，地下水への影響等の問題も要検討である。施工性としては敷地での作業性，杭などの施工性，湧水・排水問題，地中障害などを考慮する必要がある。そのほか，工期，工事費等の経済性の検討も必要である。このような課題に対応した基礎形式，施工法，及び地盤改良の必要性の検討と山留め工法の選択なども含めて可能な基礎形式を想定する。

（6）地盤調査

事前調査結果によって異なるが，地盤調査は敷地の層序の把握と各土層の土質性状（物理性状，化学性状，力学特性）の把握のためである。層序の把握には何本のボーリング調査を計画するかであり，図9.6.2は建物の平面形状ごとに想定されるボーリングの調査位置と数の目安を示している。もちろん，調査の途中結果によって調査数や調査位置が変わる可能性はあるが，必要にして十分なボーリングを行うことが大切である。またそこで計画される調査項目の概略を示したのが図9.6.3，図9.6.4である。基礎形式により項目の違い

192

9.6 基礎の設計手順

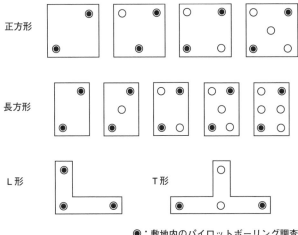

図 9.6.2　建物形状とボーリング位置[45]

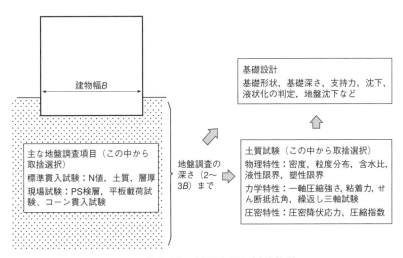

図 9.6.3　基礎形式と地盤調査項目（直接基礎）

はあるが，基本的なものはどのような場合でも共通であり，地盤の性状を十分に把握できる調査を行うことが大事である．特に標準貫入試験（N値）以外の検討すべき項目（例えば液状化の可能性，支持力，沈下）に対応した調

193

第9章 基礎構造の役割

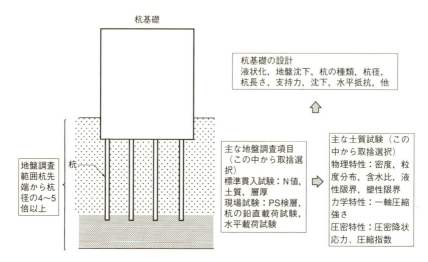

図9.6.4 基礎形式と地盤調査項目（杭基礎）

査・試験は必ず実施すべきであり，その項目が欠落するとその後の設計がどのように詳細に行われても結果は不十分なものになる。

（7）基礎形式の決定と設計

地盤調査によって地盤の状況が十分に把握されて，基礎の設計が行われる。個別の基礎形式の検討に入る前に行う重要なものとして，敷地地盤の安全性がある。項目としては以下のようなものである。

1) 地震時における液状化発生の可能性
2) 地盤沈下に伴う影響
3) 傾斜地における，敷地を含む斜面の崩壊や変状の可能性

1)については6.3.2節にその判定法が詳しく述べてあるが，地盤調査の段階で対象となる地盤での判定に必要な情報（N値，細粒分含有率，粘土分含有率など）を十分調査しておくことが必要である。2)はその地域全体が地盤沈下地帯なのか，あるいは埋め立て直後の地盤なのか，軟弱地盤に広い範囲で盛土をしたものか等を既往の資料や現地調査などを通じて判断することが重要である。まだ各地に地下水の揚水による地盤沈下地帯が存在するので，各種の資料（例えば環境庁：全国の地盤沈下地域の概況（平成10年度），1999）

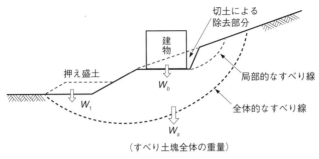

図9.6.5 建物の建設と斜面安定

など参考にして判断する必要がある。3)は図9.6.5に示すように，敷地での斜面の安定に対する検討の必要を示している。特に敷地を含めた斜面全体の安定問題（図中の全体的なすべり線に相当）の検討が重要になる場合がある。建物重量が大きいとき，あるいは敷地外での掘削（特に斜面の法先）などの計画があるときは慎重な検討が望まれる。また地震時に斜面に変状が生じて，その結果として建物に被害が発生した例があるので，斜面の地震時安定性についても検討する必要がある。具体的な斜面安定の検討方法は第8章に述べている。

基礎形式としては，直接基礎（第10章），杭基礎（第11章），あるいは併用基礎（第12章）のいずれかとするのは構造的な合理性と経済的な合理性及び工期などを勘案して総合的に評価されるものである。そのためには事前の検討が十分に実施されていることが必要である。上部構造からの荷重条件をもとに，その荷重に対する基礎の支持力あるいは沈下などの検討と，基礎あるいは基礎スラブ及び杭の部材設計が行われる。設計の具体的な内容は第10章から第12章に述べている。

第10章

直接基礎

第10章 直接基礎

10.1

種類と設計における検討項目

10.1.1 種類と役割

　直接基礎は基礎スラブを介して直接地盤に荷重を伝える基礎形式である。直接基礎を浅い基礎ということもあるが，これは直接基礎の場合地盤を深く掘削せずに基礎を作る場合が多いからである。直接基礎は基礎スラブの形式でフーチング基礎とべた基礎に分類される。フーチング基礎は柱の下部を広げたような独立フーチング基礎，それが2個ないし数個で構成されている複合フーチング基礎，それが連続した連続フーチング基礎あるいはその形状から布基礎と呼ばれる基礎に大別される。図10.1.1にはその例を示す。

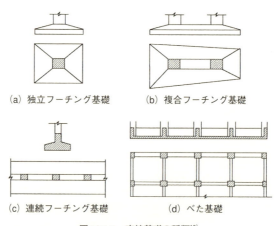

図 10.1.1　直接基礎の種類[15]

　一般的に言えば，建物規模が小さいときは独立フーチング基礎が採用されることが多いが，建物規模が大きい場合はべた基礎となり，布基礎はその中間になる。また建物が建つ地盤条件によっても基礎構造は変わる。地盤が強固な場合は独立フーチング基礎，地盤が軟弱な場合はべた基礎になることが

多く，布基礎がその中間に入る。また直接基礎では荷重を十分に支持できない場合には杭基礎が検討される。

10.1.2　設計における検討項目

　直接基礎の設計において，基礎の支持力の最大値（極限支持力）と沈下特性をどのように求めるかが重要である。支持力は地盤の強度（粘着力cとせん断抵抗角ϕ）と基礎スラブの大きさから決まるものであり，基礎スラブの下部にある地盤が塑性平衡状態になった時のせん断抵抗から求められる。沈下は基礎スラブを介して地盤に伝わる応力によって発生する地盤のひずみの結果として求められるものであり，荷重が極限支持力の値に比べて小さいときは地盤を3次元弾性体として求めることができる。このときに一番重要なのは地盤の変形係数をいかにして推定するかである。沈下については，さらに地盤特有の性質として，長期的に生じる圧密沈下がある。これは地盤内部にある過剰間隙水圧が長期にわたって逸散するときに起こるものであり，圧密試験などによりその発生の有無を明らかにしておくことが必要である（第5章参照）。図10.1.2には基礎の荷重沈下関係とその特徴を示した。密な砂地盤とか硬い粘土地盤は剛性も大きく明確な極限支持力を示すが，緩い砂地盤や軟らかい粘土地盤では剛性が小さく極限支持力を定めにくい挙動を示す。地盤の特性を十分に理解して基礎の設計を行うことが重要である。

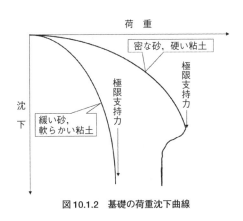

図10.1.2　基礎の荷重沈下曲線

第10章　直接基礎

10.2

鉛直支持力

　直接基礎の下部の地盤が極限支持力状態（塑性平衡状態）時にどのようになるかは，過去の研究により明らかになっている。ただし実際の地盤は均一な場合は少なく，いろいろな不均一地盤を想定した支持力評価法をその地盤状態に応じて適用することが重要である。

10.2.1　地盤の支持力

　基礎から受ける荷重が増加すると，地盤は塑性化して局部的に極限状態になる。それが進行すると，全体が極限状態になる。その進行状態を荷重―変形の関係と対応づけて模式的に示したのが図10.2.1である。図には荷重の小さい範囲では地盤は弾性的な状態から，変形の増加と共に塑性域（非線形域）が広がる様子を示している。塑性域が発生すると荷重を除いても変形が残留し，その荷重を維持すると変形が長期的に発生するなどの現象が現れる。そ

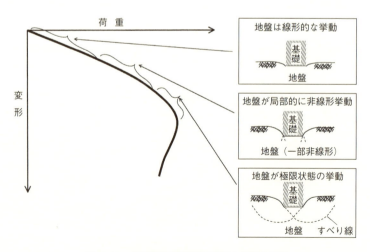

図10.2.1　直接基礎の荷重変形関係と地盤の状況

して更に変形（沈下）が進むと図のようにすべり線が大きく発生して，極限状態になりこれ以上地盤の抵抗は増加しなくなる。この状態を極限支持力状態といい，その抵抗力を地盤（基礎）の支持力という。

10.2.2　テルツアーギの支持力理論

テルツアーギは図10.2.2に示すように，根入れ深さD_fにある帯状の幅Bの基礎から等分布荷重q（全荷重Q）が作用する場合を考えた。このとき，基礎底面から上の地盤は単なる$p_0 = \gamma_2 D_f$の大きさの上載圧として働くと考えた。基礎底面が粗であると，底面と地盤との間には摩擦が働き，底面下の地盤が水平方向に自由に変位ができず，基礎直下の三角形状の土は基礎にくっついたくさび形の剛体として働くことになる。これが図10.2.2の領域Ⅰである。この領域が下方へ下がろうとすると，領域Ⅱの放射状せん断領域とⅢのランキン受働領域の受働土圧が抵抗することになる。領域Ⅰの三角形くさびに作用する力は，基礎に作用する外力Q，辺ad,bdに作用する受働土圧P_pと付着力c_a，及びくさびの自重である。くさびの角度をϕとしているから，P_pは鉛直上向きなので，鉛直方向の力の釣り合いから，外力Qを基礎幅Bで割った極限支持力qは次式で求められる。

$$q = c \cdot N_c + 1/2 \cdot \gamma_1 \cdot B \cdot N_\gamma + \gamma_2 \cdot D_f \cdot N_q \qquad 10.2.1$$

ここで，N_c, N_q, N_γは支持力係数と呼ばれ，せん断抵抗角ϕの関数である。
10.2.1式の第1項は地盤の粘着力cによる支持力，第2項は底面下の地盤の自重γ_1による支持力で基礎幅Bに比例する支持力，第3項は根入れ部分の土被り圧$\gamma_2 D_f$を載荷重と考えた支持力である。これらを加え合わせたのが地盤の支持力である。

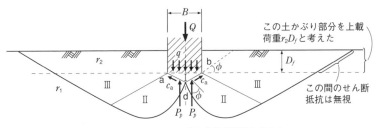

図10.2.2　テルツアーギの支持力理論の考え方

第10章　直接基礎

10.2.3　支持力の計算方法

　地盤の支持力は10.2.2式を用いて計算できる。この方法は日本建築学会の「建築基礎構造設計指針，2001」で採用されているものであり，テルツアーギの支持力理論に基づいているが，N_c，N_γ，N_qの値についてはその後の研究成果を反映させたものになっている。また，基礎の形状，荷重の傾斜・偏心の影響，基礎幅の影響を補正係数の適用で算定できるようにしてある。

$$R_u = q_u \cdot A = (i_c \cdot \alpha \cdot c \cdot N_c + i_\gamma \cdot \beta \cdot \gamma_1 \cdot B \cdot \eta \cdot N_\gamma + i_q \cdot \gamma_2 \cdot D_f \cdot N_q) \cdot A \qquad 10.2.2$$

$\qquad R_u$：直接基礎の極限鉛直支持力（kN）

$\qquad q_u$：単位面積あたりの極限鉛直支持力度（kN/m²）

$\qquad A$：基礎の底面積〔m²，荷重の偏心がある場合には有効面積Aeを用いる〕

N_c，N_γ，N_q：支持力係数

$\qquad c$：支持地盤の粘着力（kN/m²）

$\qquad \gamma_1$：支持地盤の単位体積重量（kN/m³）

$\qquad \gamma_2$：根入れ部分の土の単位体積重量（kN/m³）

$\qquad$（γ_1，γ_2には，地下水位以下の場合には水中単位体積重量を用いる）

$\qquad \alpha$，β：基礎の形状係数（表10.2.2参照）

$\qquad \eta$：基礎の寸法効果による補正係数

$$\eta = (B/B_0)^{-1/3}, \quad B_0 = 1\text{m}$$

i_c，i_γ，i_q：荷重の傾斜に対する補正係数

$\qquad B$：基礎幅（m），〔短辺幅，荷重の偏心がある場合には有効幅B_eを用いる〕

$$B_e = B - 2e \qquad e：偏心量$$

$\qquad D_f$：根入れ深さ（m）

　この支持力式での支持力係数（N_c，N_γ，N_q）はせん断抵抗角ϕの関数であり，ϕが大きくなると対数的に増加する係数である（表10.2.1参照）。図10.2.3は$\phi = 0°$の粘着力のみを持つ地盤（粘土地盤に相当）の滑り線の形状と$\phi = 30°$のせん断抵抗角を持つ地盤（中密な砂地盤）の滑り線の形状を模式的に示

202

したものである。$\phi=30°$の場合は$\phi=0°$に比べて滑り線の囲む領域が大きくなっている。支持力係数の大きさはこの滑り線の囲む領域を数字で示したものであり、ϕが大きくなると支持力係数が大きくなることが推察できよう。図10.2.4は日本建築学会の「建築基礎構造設計指針，2001」で採用されている支持力係数とせん断抵抗角ϕの関係である。

表10.2.1 支持力係数とせん断抵抗角[1]

ϕ	N_c	N_q	N_γ
0°	5.1	1.0	0.0
5°	6.5	1.6	0.1
10°	8.3	2.5	0.4
15°	11.0	3.9	1.1
20°	14.8	6.4	2.9
25°	20.7	10.7	6.8
28°	25.8	14.7	11.2
30°	30.1	18.4	15.7
32°	35.5	23.2	22.0
34°	42.2	29.4	31.1
36°	50.6	37.8	44.4
38°	61.4	48.9	64.1
40°以上	75.3	64.2	93.7

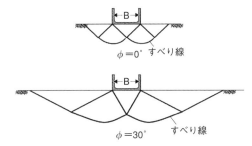

図10.2.3 $\phi=0°$（粘土）と$\phi=30°$（砂）のすべり線形状の概要図

基礎の形状は形状係数α，βとして表10.2.2に示されている。荷重の傾斜の影響は補正係数i_c，i_γ，i_qにより地盤のせん断抵抗角ϕと荷重の傾斜角θの関数として 10.2.3式，10.2.4式のようにして求める。

$$i_c = i_q = (1-\theta/90)^2 \qquad 10.2.3$$

$$i_\gamma = (1-\theta/\phi)^2 \quad (ただし、\theta > \phi の場合には i_\gamma = 0) \qquad 10.2.4$$

ϕ：土のせん断抵抗角（°）

θ：荷重の傾斜角（°）

$\tan\theta = H/V$（H：水平荷重，V：鉛直荷重）でかつ$\tan\theta \le \mu$

（μは基礎底面の摩擦係数で0.4から0.6）

偏心荷重を受けた場合の接地圧の形は図10.2.5のように変化する。地盤の支持力を算定する場合には、図10.2.5（d）のように有効基礎幅B_eでの等分布の

接地圧から求めればよい。

地層が均一でない場合，また基礎が大きくなると下部にある地層の影響が大きくなる。特に層状になっている場合はよく見受けられる。図10.2.6に示すように，上部に砂層があり，下部に粘土層のある場合には下部の粘土層を無視して砂層のみがあるとした支持力（図10.2.6の（b）），及び図10.2.6（a）のように砂層で荷重が勾配1/2で拡散するとして，粘土層に載荷されたとして下部の地盤の支持力を計算し，どちらか小さいほうの値で基礎の支持力とする方法で計算する。

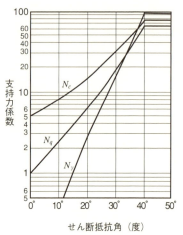

図10.2.4　支持力係数とせん断抵抗角[1]

表10.2.2　基礎の形状と形状係数[1]

基礎底面の形状	連続	正方形	長方形	円形
α	1.0	1.2	$1.0+0.2\dfrac{B}{L}$	1.2
β	0.5	0.3	$0.5-0.2\dfrac{B}{L}$	0.3

B：長方形の短辺長さ，L：長方形の長辺長さ

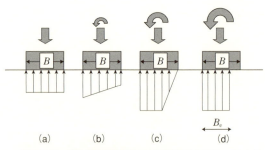

図10.2.5　鉛直荷重が作用している基礎に曲げモーメントがかかる場合の接地圧の変化

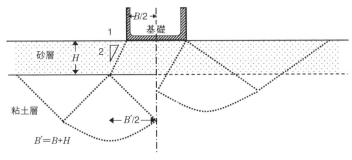

(a) 下部の粘土層で破壊する場合　　(b) 上部の砂層で破壊する場合
図10.2.6　2層地盤の支持力の計算法

10.3 鉛直沈下量

　直接基礎から地盤へ荷重が伝達したときの基礎の沈下性状は一般に図10.3.1のようになる。この沈下はせん断変形により生じるが，地盤の場合はこの他に体積圧縮に伴う圧密沈下が遅れて発生する場合がある。地盤が弾性的な挙動をする範囲では，沈下量は弾性論を活用して求めればよい。地盤を均一な半無限な弾性体と仮定して，その表面に載荷される荷重による沈下量は10.3.1式により求められる。

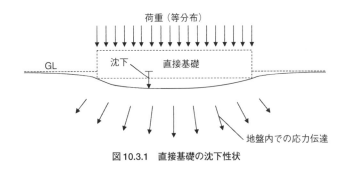

図10.3.1　直接基礎の沈下性状

第 10 章　直接基礎

$$S_E = I_s \frac{1 - v_s^2}{E_S} qB \tag{10.3.1}$$

I_s　：基礎底面の形状と剛性によって決まる係数（表10.3.1）

B　：基礎の短辺長さ（円形の場合は直径）

L　：基礎の長辺長さ

S_E　：即時沈下量

q　：基礎に作用する荷重度

E_s　：地盤の変形係数

v_s　：地盤のポアソン比

表 10.3.1　沈下係数 I_s[1]

底面形状	基礎の剛性	底面上の位置		I_s
円（直径B）	0	中　央		1
		辺		0.64
	∞	全　体		0.79
正方形（$B \times B$）	0	中　央		1.12
		隅　角		0.56
		辺の中央		0.77
	∞	全　体		0.88
長方形（$B \times L$）	0	隅　角	L/B=1	0.56
			1.5	0.68
			2.0	0.76
			2.5	0.84
			3.0	0.89
			4.0	0.98
			5.0	1.05
			10.0	1.27
			100.0	2.00

　地盤の変形係数は地盤調査から求められる。粘土地盤の場合は不攪乱試料についての一軸圧縮試験の応力―ひずみ関係から求める方法（$E_s = E_{50}$, E_{50}：一軸圧縮強度の50％の強度における割線剛性，図6.6.1参照）がある。砂地盤の場合はN値との関係（図9.3.2）から推定する方法がある。しかし，地盤の変形係数はひずみに大きく依存することがわかっている。図10.3.2はそれを模式的に示したものである。よって建物の沈下量をより精度良く求めるためには建物の大きさとか重量により発生が予想されるひずみの大きさを想定して

206

10.3 鉛直沈下量

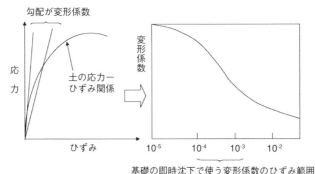

図10.3.2　土のひずみ依存性と変形係数

建物の荷重を支持する地盤の変形係数を決めなければならない。通常の場合10^{-4}〜10^{-3}程度の範囲が妥当と考えられる。

　圧密沈下は図10.3.3に示すように基礎から伝わる増加応力が圧密降伏応力（p_c）を超えると発生するため（5.3.3節参照），まず増加応力を求めることが重要になる。特に圧密沈下量は即時沈下である弾性沈下量に比べて10倍以上になることが多く，基礎の設計においてはなるべく圧密沈下を起こさないような配慮が必要である。その意味においても地盤調査結果での圧密降伏応力の評価や，実験結果のバラツキ，過去の応力履歴などについて慎重な検討が必要になる。どうしても圧密沈下の発生が避けられず，かつ直接基礎で設計する場合においては，建物の構造特性とか荷重配分を十分に配慮して設計すべきである。実際の地盤は不均一な地層が多く，有限厚さの地盤とか傾斜地盤などの場合も多いので，更なる検討が必要になることも多い。

　地盤が沈下すると基礎を含む建物自体が沈下・変形する。図10.3.4は沈下量の説明を示し

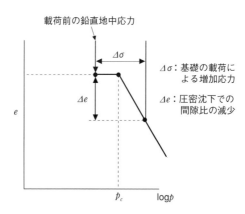

図10.3.3　基礎の載荷に伴う圧密沈下の発生

207

第10章 直接基礎

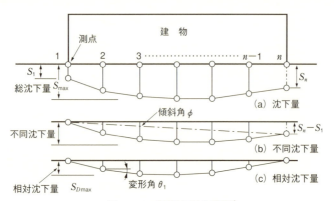

図10.3.4 各種沈下量の説明[49]

たものである。建物への影響として考えると，総沈下量と傾斜角は建物の機能に大きく関係するので，その値が機能に影響しないかどうかの検討が必要である。たとえば総沈下量が大きいと建物周囲との沈下差のためにガス管などのライフラインの損傷を起こす可能性がある。傾斜角が大きくなると設備など配管勾配とかスラブの排水勾配の確保が困難になり，居室では建具の収まりの不具合という機能障害が発生し，人が不快感を持つ等の問題が起きるので，その値には自ずと制限がある。また変形角の値によっては基礎梁などの構造部材に応力が発生し，過大な変形角にならないような配慮が必要である。変形角の限界値は構造形式によって異なるので，設計者が決めるものであるが，目安としては過去の実測などから鉄筋コンクリート造の場合で短期的に生じる弾性沈下の場合で$0.5 \sim 1.0 \times 10^{-3}$（rad）程度であり，長期的な圧密沈下の場合で$1.0 \sim 2.0 \times 10^{-3}$（rad）程度といわれている。

10.4 水平抵抗

直接基礎に水平方向の力が伝わる場合，それに抵抗する要素としては図10.4.1に示すように基礎下部の地盤の摩擦抵抗，また根入れ部分がある場合は

その抵抗として受動抵抗と側面摩擦抵抗が考えられる。

地盤の摩擦抵抗は基礎底部の材料（普通はコンクリート）と地盤の摩擦係数により評価する。この摩擦抵抗は下部の地盤によって左右されるが，概ねその値は0.4から0.6程度といわれている。また根入れ部分の抵抗は周辺地盤の掘削や軟弱地盤の場合などでは期待できないことが多いので，算定には十分な注意が必要である。また底部の摩擦が不足する場合は突起など付けてその抵抗を増加させるような方法もある。

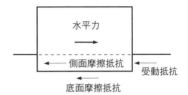

1) 底面摩擦抵抗　R_{f1}
   $R_{f1} = W \cdot \mu$
   　W：建物重量
   　μ：基礎底面と地盤の摩擦係数

2) 根入れ部の抵抗　R_{f2}
   $R_{f2} =$ 受動抵抗＋側面摩擦抵抗

図10.4.1　直接基礎の水平抵抗

10.5 直接基礎における地盤改良

10.5.1 地盤改良の役割

直接基礎の場合，想定される荷重あるいは要求される機能に対して直接基礎の下部の地盤の強度あるいは剛性が不足し，耐えられないことがある。その場合，杭基礎に変更するなどの対応が考えられるが，地盤改良を行うことにより直接基礎で設計する場合もある。軟弱な地盤で圧密沈下が生じる可能性がある場合，地盤に砂を杭状に打設して，建物の重量に相当するような盛土を載荷することで沈下を予め発生させる方法がある。しかし，建物の計画以前に行うことが多く，通常の計画期間では対応できない。建物の基礎設計で対応できる地盤改良は地盤の強度増加か液状化防止が主なものになる。どちらも地盤の強度を増加させることが目的であり，方法としてはセメント系

209

のスラリーを原地盤と混合することにより固化させるもの（固化工法）と，砂や礫を原地盤に貫入させ，地盤の密度を増加させることにより強度を増加させる方法（締固め工法）がある。

10.5.2　地盤改良の改良効果の求め方

　セメント系スラリーを用いた固化工法により改良された地盤の強度は土質（砂質土，粘性土，腐食土など）によってその強度発現が大きく異なるので，予め現地の土を採取してその必要強度と固化材の量，施工方法などを決めることが必要である。具体的な改良方法としては図10.5.1のように固化体（改良コラム）の配置とか間隔により幾つかのバリエーションがある。どれを選択するかは建物の重量などの外力条件とか，地盤条件で変わる。どれを採用するにしても，固化体が十分な強度を持っていることが大事である。

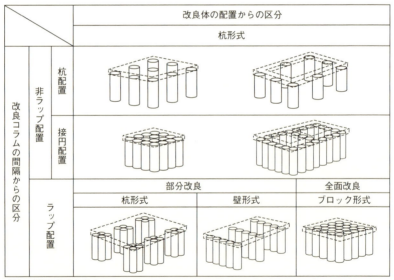

（注）破線は基礎を表す。

図10.5.1　固化体（改良コラム）の形状[46]

　砂等を地盤に貫入させる工法（砂杭工法）は普通，緩い砂地盤を液状化しない程度の密な砂地盤に改良するために採用される場合が多い。施工としてはある間隔で砂杭を地盤に貫入させて，その密度増加をN値などの地盤調査

で確認する。

10.5.3 改良地盤での直接基礎の設計

　改良地盤での直接基礎の設計は，通常の直接基礎の設計に加えて，直接基礎から改良地盤への荷重伝達の問題と改良地盤からその下部の地盤への応力伝達以外に改良地盤自体がその伝達応力に対して十分に安定であることが重要になる。改良地盤が十分な強度と剛性を持っている場合は図10.5.2に示すように基礎からの荷重が改良地盤の下端に拡大して載荷されたとしてその支持力とか沈下を検討すればよい。

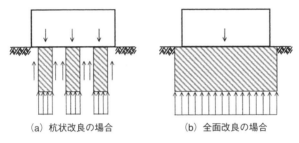

(a) 杭状改良の場合　　　(b) 全面改良の場合

図10.5.2　改良地盤での支持力

〔演習問題10-1〕

　図に示すような一辺が2.5mの正方形の直接基礎の極限鉛直支持力を求めなさい。
(1) 荷重の傾斜角 $\theta = 0°$ の場合の極限鉛直支持力
(2) 荷重の傾斜角 $\theta = 14.3°$（大地震時に相当）の場合の極限鉛直支持力

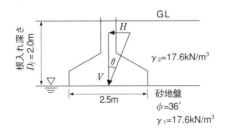

第10章 直接基礎

〈解答〉

(1) 直接基礎の極限鉛直支持力は10.2.2式を使って求められる。

$$R_u = q_u \cdot A = (i_c \cdot \alpha \cdot c \cdot N_c + i_r \cdot \beta \cdot \gamma_1 \cdot B \cdot \eta \cdot N_r + i_q \cdot \gamma_2 \cdot D_f \cdot N_q) \cdot A$$

$\phi = 36°$ だから表10.2.1から $N_\gamma = 44.4$, $N_q = 37.8$ である。基礎の形状係数 β は表10.2.2から正方形基礎の値0.3を用いる。また地下水位以下での土の単位体積重量 $\gamma' = 17.6 - 9.8 = 7.8 \mathrm{kN/m^3}$ となる。荷重に傾斜がないので $i_c = i_\gamma = i_q = 1$ である。ただし基礎の寸法効果を考慮すると

$$\eta = (B/B_0)^{-1/3} \text{で} B_0 = 1\mathrm{m} \text{だから} \eta = 2.5^{-1/3} = 0.73 \text{となる。}$$

以上より極限鉛直支持力 R_u は

$$R_u = \{0 + 1.0 \times 0.3 \times 7.8 \times 2.5 \times 0.73 \times 44.4 + 1.0 \times 17.6 \times 2.0 \times 37.8\} \times (2.5 \times 2.5)$$
$$= 9501 \text{ (kN)} \text{となる。}$$

(2) 荷重の傾斜角 θ は14.3°（大地震時に相当）だから荷重の傾斜による補正係数は

$$i_\gamma = (1 - \theta/\phi)^2 = (1 - 14.3/40)^2 = 0.41$$
$$i_q = (1 - \theta/90°)^2 = (1 - 14.3/90)^2 = 0.71$$

である。また地震時の検討では基礎の寸法効果による低減係数 $\eta = 1$ とする。以上より極限鉛直支持力 R_u は

$$R_u = \{0 + 0.41 \times 0.3 \times 7.8 \times 2.5 \times 1.0 \times 44.4 + 0.71 \times 17.6 \times 2.0 \times 37.8\} \times (2.5 \times 2.5)$$
$$= 6570 \text{ (kN)} \text{となる。}$$

〔演習問題10-2〕

図に示すような正方形基礎に500kNの鉛直荷重が作用したときの即時沈下量を求めなさい。ただし地下水位は十分に深く，基礎の剛性は地盤に比べて十分に大きいとする。

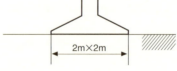

粘性土

$c = 60 \mathrm{kN/m^2}$

$E_s = 200c = 200 \times 60 = 12000 \text{ (kN/m}^2\text{)}$

〈解答〉

即時沈下量 S_E は 10.3.1 式から

$$S_E = I_s \frac{1 - v_s^2}{E_S} qB$$

平均接地圧 $q = 500/4 = 125$ （kN/m²）

沈下係数 $I_s = 0.88$ （表10.3.1参照）

ポアソン比 $v = 0.4$ （粘土で0.4，砂で0.3）

$B = 2$m

$E_s = 12000$ （kN/m²）

$S_E = 0.88 \times (1 - 0.16) \times 125 \times 2/12000 = 0.0154$ （m）

杭基礎

第11章 杭基礎

　図11.1.1は杭基礎の基本的な機能を示したものである。杭の初期における目的は建物の重量を支持することにあった。そのため，杭の基本機能のなかでも図11.1.1（a）に示す鉛直支持力と沈下が設計で重視されてきた。そして，次第に地震力などの水平力が作用した場合にも，杭が抵抗して建物を地震力から守る機能をあわせ持つことが必要になってきた（図11.1.1（b），（c））。

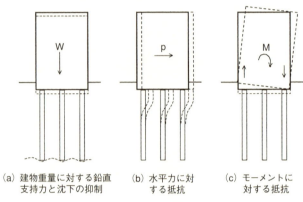

(a) 建物重量に対する鉛直支持力と沈下の抑制　　(b) 水平力に対する抵抗　　(c) モーメントに対する抵抗

図11.1.1　杭基礎の基本的な機能

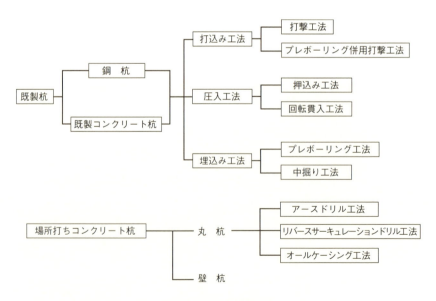

図11.1.2　杭の種類[1]

216

11.1 鉛直支持力

杭基礎は材料による分類としては，コンクリート（RC含む）と鉄に大別される。代表的な施工法により分類すると図11.1.2のようになる。建物の規模が小さい場合既製杭，建物規模が大きい場合は場所打ちコンクリート杭を採用するのが通常である。

11.1 鉛直支持力

杭頭部に鉛直荷重（建物重量が主）が作用する場合の杭の抵抗要素としては杭周面の周面摩擦抵抗と杭の先端抵抗である。この2つの抵抗要素と変形（沈下）との関係を模式的に示すと図11.1.3のようになる。変形の発生と共に周面摩擦抵抗が先行し，その後に先端抵抗が発生するのが通常の杭基礎の抵抗であり，その最大値が鉛直支持力である。

杭の鉛直支持力はその周面抵抗力と先端抵抗力の加算によって求められる。その算定式は11.1.1式のようである。

$R_u = R_p + R_f$ 11.1.1

記号 R_p：極限先端支持力

$R_p = q_p \cdot A_p$

q_p：極限先端支持力度

A_p：杭先端の断面積

R_f：極限周面摩擦抵抗

$R_f = R_{fs} + R_{fc}$

R_{fs}：砂質土部分の極限周面摩擦抵抗

$R_{fs} = \tau_s \cdot L_s \cdot \psi$

τ_s：砂質土の極限周面摩擦力度

L_s：砂質土部分の長さ

ψ：杭の周長

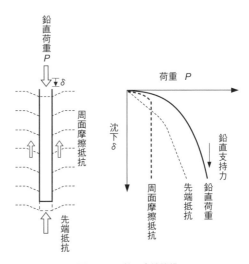

図11.1.3　杭の支持機構

第11章　杭基礎

R_{fc}：粘性土部分の極限周面摩擦抵抗

$R_{fc} = \tau_c \cdot L_c \cdot \psi$

τ_c：粘性土の極限周面摩擦力度

L_c：粘性土部分の長さ

11.1.1式の中における極限先端支持力度あるいは極限周面摩擦力度は表11.1.1から代表的な工法としての打込み杭，場所打ちコンクリート杭あるいは埋込み杭で分けて求められる。

　杭は多くの施工法が開発され，その支持力計算法における極限先端支持力度あるいは極限周面摩擦力度は施工法別に多くの値が提案されて使用されている。表11.1.1はその中から代表的な施工法の場合に使われているものを示した値である。

表11.1.1　杭の極限先端支持力度，極限周面摩擦力度の算定式[1]

	極限先端支持力度（kN/m²）		極限周面摩擦力度（kN/m²）	
	砂質土	粘性土	砂質土	粘性土
打込み杭	$q_p=300\overline{N}$ $\overline{N}$：杭先端から下に1d，上に4d間の平均N値（d：杭径）	$q_p=6c_u$ c_u：土の非排水せん断強さ（kN/m²）	$\tau_s=2.0N$ N：杭周面地盤の平均N値（上限N=50）	$\tau_c=\beta\cdot c_u$ $\beta=\alpha_p\cdot L_f$ α_p=0.5〜1.0 L_f=0.7〜1.0 （上限c_u=100kN/m²）
打込み杭	$q_p=0.7q_c$ q_c：杭先端から下に1d，上に4d間の平均q_c値（kN/m²）			
打込み杭	上限値q_p=18000kN/m²			
場所打ちコンクリート杭	$q_p=100\overline{N}$ $\overline{N}$：杭先端から下に1d，上に1d間の平均N値	$q_p=6c_u$	$\tau_s=3.3N$ （上限N=50）	$\tau_c=c_u$ （上限c_u=100kN/m²）
場所打ちコンクリート杭	上限値q_p=7500kN/m²			
埋込み杭	$q_p=200\overline{N}$ $\overline{N}$：杭先端から下に1d，上に1d間の平均N値	$q_p=6c_u$	$\tau_s=2.5N$ （上限N=50） ただし，杭周固定液を使用する場合に限る	$\tau_c=0.8c_u$ （上限c_u=125kN/m²）
埋込み杭	上限値q_p=12000kN/m²			

qc値：静的貫入抵抗，ただし，$c_u=q_u/2$（q_u：土の一軸圧縮強さ）としてよい。

218

11.2 鉛直沈下量

11.2.1 単杭の鉛直沈下量

杭の鉛直荷重による沈下量は杭頭部にかかる荷重が杭体の周面と先端から地盤へ伝達する時の杭体の圧縮量と地盤の沈下量の和として求める。杭の鉛直沈下量を求める方法としては図11.2.1に示すような杭を有限の長さに分割して地盤の剛性をばねで置換して計算する方法，有限要素法などを使う方法がある。

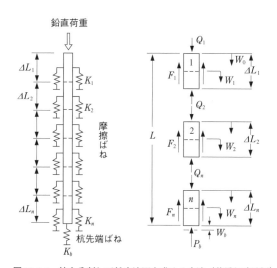

図11.2.1　杭を分割して鉛直沈下を求める方法（荷重伝達法）[1]

11.2.2　群杭の鉛直沈下量

杭の間隔が十分に大きいと（杭径の5から10倍），杭基礎の沈下は単独の杭の沈下と大きく違わないが，杭間隔が狭くなると群杭効果でその沈下量は増

第11章 杭基礎

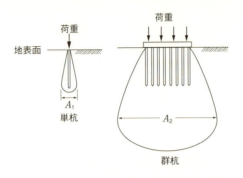

図11.2.2 単杭と群杭での等しい地中応力の分布[1]

加する。図11.2.2は杭間隔が狭い場合の地中部での単杭と群杭の等しい応力の伝達範囲を示したものである。当然ながら単杭に比べて群杭の大きな応力範囲では大きな沈下が発生する。通常の杭基礎の杭間隔では群杭効果は無視できないので，沈下量を求めるときには注意が必要である。簡便に求める方法としては図11.2.3に示すような荷重の仮想作用面を設定して求める方法がある。

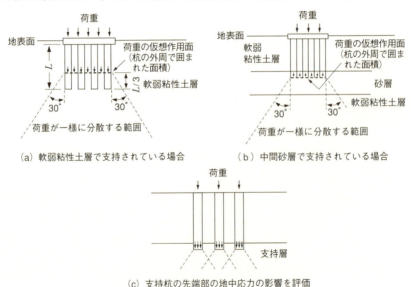

図11.2.3 群杭の等価荷重面法[1]

220

11.3 水平抵抗

水平抵抗は杭頭部の水平変位の増加に伴う杭頭部付近地盤の抵抗である。図11.3.1の(a)に示すように杭頭部に水平力Hが作用した場合図11.3.1の(b)のように杭を弾性梁、地盤をばねでモデル化すると図11.3.2のように杭頭部に水平力Hが作用した場合の深さxでの水平変位yとその深さでの地盤からの反力$p(x)$とは11.3.1式で表せる。

$$p(x) = k_h \cdot B \cdot y \qquad 11.3.1$$

k_h：水平地盤反力係数
B：杭径

基本方程式は11.3.2式となる。

$$\frac{d^2}{dx^2}\left(EI\frac{d^2y}{dx^2}\right) + k_h yB = 0 \qquad 11.3.2$$

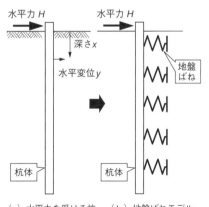

(a) 水平力を受ける杭　(b) 地盤ばねモデル

図11.3.1　水平力を受ける杭とモデル化

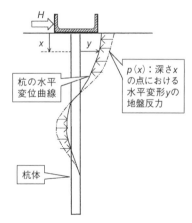

図11.3.2　杭の水平抵抗
（杭―地盤ばね系のモデル）

第11章 杭基礎

ここで
　　E_p：杭のヤング係数
　　I：杭の断面二次モーメント
また水平地盤反力係数k_hは11.3.3式から求められる。
　　$k_h = 80E_0B^{-3/4}$　　　　　　　　　　　　　　　　　　　11.3.3
ここで
　　E_0：地盤のヤング係数
　　B：無次元化杭径（杭径をcmで表した無次元数値；例えば，杭径50cmは50）

図11.3.3は11.3.1式に杭頭部固定などの境界条件を与えて求めた解である。杭基礎では一般に杭頭部固定で十分に長い場合が多い。この場合は杭頭部の曲げモーメントが最大となるので，適切なk_hの値を地盤条件から求め，計算された曲げモーメントM_0が杭体の持っている耐力より小さくなるように設計する。ここで用いるk_hはその水平変位yが1cm以内になることが必要である。それ以上になると地盤の非線形性でその値を低減することが必要になる。

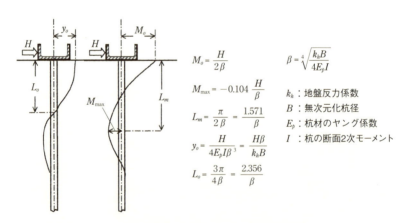

図11.3.3　基礎に固定された長い杭の応力と変位

11.4 引抜き抵抗

図11.4.1は杭に引抜き力が作用する例を示している。杭の引抜き抵抗は杭体の周面抵抗であるが、その引抜き荷重と引抜き量の関係を模式的に示したものが図11.4.2である。挙動として最大値を示した後に残留引抜き力まで低下することが多いので、抵抗力を評価するときには最大値を使う場合と残留値を使う場合を区別することが重要である。また杭体は引抜き力には強くないので、設計において引張り力が作用する場合の杭体の強度には十分注意が必要である。

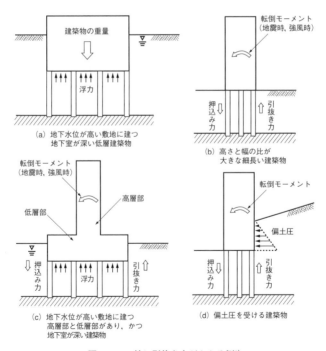

図 11.4.1 杭に引抜き力がかかる例[1]

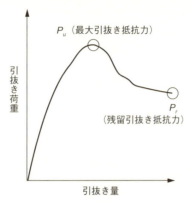

図11.4.2　引き抜荷重と引抜き量の関係

11.5

杭基礎における地盤改良

　杭基礎を用いて軟弱地盤の影響を最小限にするように設計することは可能であるが，図11.5.1に示すように，途中の地層に液状化の可能性が高い地層があると，杭で抵抗するよりも地盤改良を行って液状化による杭への負担を最小限にするような設計を行うことがある。改良方法としてはサンドコンパクション工法のように地盤の密度を増加させるか，杭の周辺を格子状に固化工法で改良する方法などが考えられる。

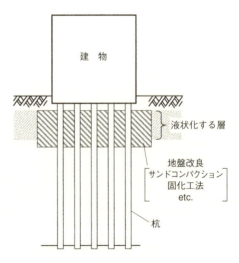

図11.5.1　杭基礎での地盤改良の例

11.6 負の摩擦力

地盤が沈下するところに支持杭基礎を設置すると，杭は沈下しないので，杭に周辺地盤がぶら下がったような負の摩擦力（杭頭部に鉛直荷重がかかった時の摩擦抵抗と逆方向）が発生して杭頭部の荷重以上の大きな荷重が杭にかかることになる。図11.6.1はその挙動を模式的に示したものである。杭に負の摩擦力がかかると杭の軸力が杭頭部より大きくなるので，その値が杭体自身の耐力を超えないような検討と，杭先端に伝達する荷重が増加するので先端地盤の支持能力を超えないような設計が必要になる。一方，この様な現象が生じると結果として，建物の基礎底面と地盤表面の間に隙間ができ，図11.6.1（a）のS_0相当のいわゆる"抜け上がり"が生じることがある。

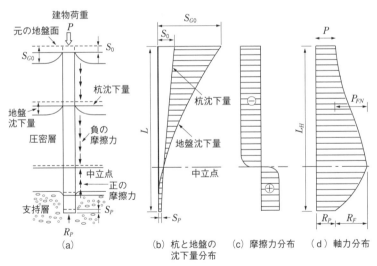

S_{G0}：地面における地盤沈下量　S_0：杭頭の沈下量　S_P：杭先端の沈下量　R_P：杭の先端支持力　P_{FN}：負の摩擦力　R_F：正の摩擦力（中立点以下の）

図11.6.1　杭の負の摩擦力[1]

第11章　杭基礎

〔演習問題11-1〕

図に示すような直径1.0 mの場所打ちコンクリート杭の極限鉛直支持力を求めなさい。

深度 (m)	柱状図	q_u (kN/m²)	平均 N値	抗姿図
	シルト	50	2	GL−2m
14.0	シルト質 細砂	—	13	
20.5	シルト混じ り粘土	110	8	28m
24.0	中砂	—	30	GL−27m
27.0	砂礫	—	60	

〈解答〉

杭の極限鉛直支持力 R_u は11.1.1式から

$$R_u = R_p + R_f$$

極限先端支持力 $R_p = q_p \cdot A_p$ だから

場所打ちコンクリート杭の場合は $q_p = 100N$ でここのN値は杭先端から杭径分の上下の平均N値だから，その値は60で $A_p = 0.785$m² だから

$$R_p = 100 \times 60 \times 0.785 = 4710 \ (\text{kN})$$

杭の極限周面摩擦力 $R_f = R_{fs} + R_{fc}$ だから

$$R_{fs} = \{3.3 \times 13 \times (20.5 - 14.0) + 3.3 \times 30 \times (27.0 - 24.0) + 3.3 \times 50$$
$$\times (30.0 - 27.0)\} \times 3.14 \times 1.0 = 3362 \ (\text{kN})$$

$$R_{fc} = \{50/2 \times (14.0 - 2.0) + 110/2 \times (24.0 - 20.5)\} \times 3.14 \times 1.0 = 1546 \ (\text{kN})$$

$$R_f = 3362 + 1546 = 4908 \ (\text{kN})$$

よって杭の極限鉛直支持力 $R_u = 4710 + 4908 = 9618$ （kN）となる。

〔演習問題11-2〕

次の諸元を持つ杭に水平力100kNが作用した場合の最大曲げモーメントを求めなさい。なお杭頭部は固定条件とする。

　　　杭種　既製コンクリート杭（PHC杭）

　　　杭径　$B = 40$cm

　　　杭長　$L = 20$m

　　　ヤング係数　$E = 4 \times 10^7$kN/m²

　　　断面2次モーメント　$I = 9.96 \times 10^{-4}$m⁴

表層から15mまでの深さの地盤の変形係数E_0（ヤング係数）は3500kN/m²とする。

〈解答〉

水平地盤反力係数k_hは11.3.3式から以下のように求められる。

$$k_h = 80E_0B^{-3/4} = 80 \times 3500 \times 40^{-3/4} = 1.76 \times 10^4$$

　　（k_hを求めるときの杭径Bは無次元数値で，杭径が40cmならば40となる。）

$$\beta = (k_hB/4EI)^{1/4}$$
$$= \{1.76 \times 10^4 \times 0.4/(4 \times 4 \times 10^7 \times 9.96 \times 10^{-4})\}^{1/4} = 0.458$$

　　（βを求めるときの杭径は次元を持っているので，ここでは全体の単位を合わせるために$B = 0.4$mとなる。）

$\beta L = 0.458 \times 20 = 9.16 > 3.0$（長い杭で図11.3.3の式が当てはまる。）

最大曲げモーメントは杭頭部に発生して，以下のように求められる。

$$M_0 = 100/(2\beta) = 109.2 \text{ (kN} \cdot \text{m)}$$

併用基礎

第12章　併用基礎

12.1 併用基礎の種類

　併用基礎とは異なる基礎形式を併用するものであり，基礎設計においては直接基礎あるいは杭基礎よりも複雑な挙動になるので，慎重な設計が望まれる。併用基礎を大別すると図12.1.1のようになる。

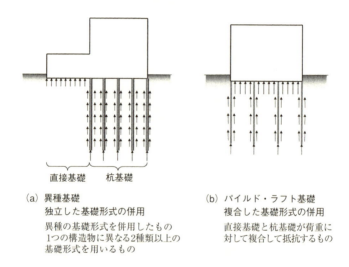

(a) 異種基礎
　　独立した基礎形式の併用
　　異種の基礎形式を併用したもの
　　1つの構造物に異なる2種類以上の
　　基礎形式を用いるもの

(b) パイルド・ラフト基礎
　　複合した基礎形式の併用
　　直接基礎と杭基礎が荷重に
　　対して複合して抵抗するもの

図12.1.1　併用基礎の種類

　一つは異種の基礎の併用である。これは一つの構造物に2種類以上の基礎を併用するものである。基礎が部分的に異なる基礎形式としての鉛直支持性能や地震時の支持性能を示すため，異種基礎の境界部分に障害が発生することが懸念される。このためなるべく避けるべき基礎形式とされているが，敷地条件とか地盤条件によっては採用せざるを得ない場合もある。もう一つは直接基礎と杭基礎を複合して一つの構造物に用いる基礎形式である。名称としてはパイルド・ラフト基礎と呼ばれているものである。

12.2 異種基礎

 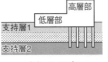 

(a) タイプA	(b) タイプB	(c) タイプC
支持地盤の傾斜，支持層が浅い部分を直接基礎，深い部分を杭基礎 典型的な異種基礎	荷重の小さい低層部は直接基礎とし，荷重の大きい高層部はより堅固な地盤に杭基礎 境界部分で不同沈下や地震時に杭の障害が出やすい	支持層に到達している高層は直接基礎，支持層に届かない低層部は杭基礎 地震時の基礎の全体回転，剛性の低い杭基礎部分で障害が出やすい

図12.2.1　異種基礎の例（直接基礎と杭基礎）[1]

 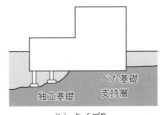

(a) タイプD	(b) タイプE
基礎の接地圧と地盤の変形係数との関係が大きく異なる場合に注意する	水平荷重時の基礎の回転により独立基礎部分（基礎柱）に応力集中が生じやすい

地業形式が同じであるため，支持地盤の圧縮性が小さければ一般的には異種基礎として扱う必要はないであろう。

図12.2.2　異種基礎の例（直接基礎と直接基礎）[1]

　異種基礎の種類はその組み合わせを考えると多種にわたるが，大別すると直接基礎と杭基礎の場合（図12.2.1），直接基礎と直接基礎の場合（図12.2.2），杭基礎と杭基礎の場合（図12.2.3）となる。各々については鉛直荷重に対する検討と水平荷重に対する検討が必要になるが比較的簡単な検討でも障害の発生を防げるものから，相当に慎重な検討が必要になるものまでさまざまなので，基礎が外力によりどのような挙動をするかを慎重に予測した設計が必要

第12章　併用基礎

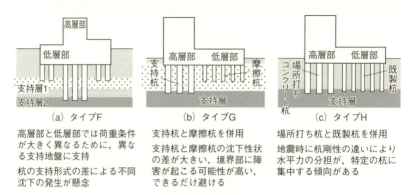

図12.2.3　異種基礎の例（杭基礎と杭基礎）[1]

になる．具体的には各々の基礎部分の挙動を別々に求めて，その境界での違いがどの程度のものかを評価するような方法とか，構造物全体と地盤を基礎構造の異なる部分をモデル化してその挙動を求める方法もある．

12.3

パイルド・ラフト基礎

パイルド・ラフト基礎は図12.3.1に示すように直接基礎と杭基礎の中間にあたる基礎形式である．例えば直接基礎で設計すると支持力は満足するが，沈

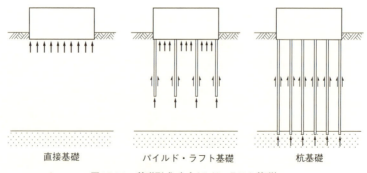

図12.3.1　基礎形式（パイルド・ラフト基礎）

232

下が過大になる場合がある。このような場合に基礎形式として杭基礎を選択する場合が多いが，地盤条件によってはあまり長くない杭を少数本，直接基礎と併用して沈下を低減する方法がある。これがパイルド・ラフト基礎の使い方の一つである。検討方法としては直接基礎と杭基礎の単独の検討だけでなく，各々の相互作用を評価する必要があるため，設計は複雑になる。図12.3.2はその相互作用を示したものである。

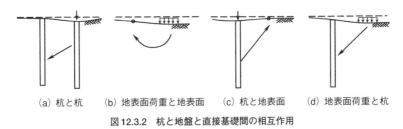

(a) 杭と杭　　(b) 地表面荷重と地表面　　(c) 杭と地表面　　(d) 地表面荷重と杭
図12.3.2　杭と地盤と直接基礎間の相互作用

図12.3.3にはその相互作用を直接基礎と杭基礎について示した。ここで示すi）とii）のパイルド・ラフト基礎の荷重沈下は同じものになる。（a）と（b）は杭基礎，直接基礎において考慮されているものであり，（c）と（d）はパイルド・ラフト基礎としての検討すべき作用である。これらの中で杭の作用の定量的な効果としては，杭の間隔が広くなり，杭の長さが長くなると小さくなる。パイルド・ラフト基礎は直接基礎に杭基礎を併用するが，杭の種類としては摩擦杭と支持杭があり，杭の種類によりその荷重沈下曲線が大きく異なる。

効果的なパイルド・ラフト基礎の使い方として，直接基礎（べた基礎）と摩擦杭の併用がある。直接基礎は大きな建物荷重を支持しようとすると，基礎を大きくすることにより，その支持荷重を増加させることができるが，一方で沈下量の増加が発生する。その関係を示すと図12.3.4の（a）と（b）のようになる。このために直接基礎に十分な支持能力があっても建物として（特に基礎梁）に過大な負荷（変形）が発生し，基礎構造として成立しないことがある。このときに少数（杭間隔が広い）の長尺の摩擦杭を使うと沈下量を低減する効果が期待できる。図12.3.4の斜線部は直接基礎の過大な沈下を低減できるパイルド・ラフト基礎の適用範囲を示している。直接基礎（a）と

摩擦杭（b）を使ったパイルド・ラフト基礎の荷重沈下関係を図12.3.5に示した。摩擦杭は小さな沈下量（1から2ｃｍ程度）で摩擦抵抗を発揮することができるので，図12.3.3で示した（ｃ）と（ｄ）の作用（杭間隔が広く，長尺の場合はこの作用の効果は小さい）を考慮して検討すれば，パイルド・ラフト基礎の荷重沈下曲線は図12.3.5のように求められる。結果として少数の杭を併用して直接基礎の過大な沈下量を効果的に低減することが可能になる。

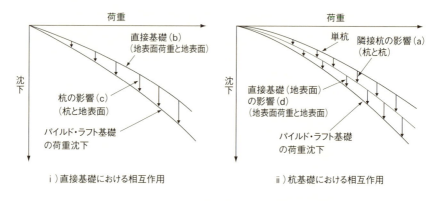

図12.3.3　パイルド・ラフト基礎の相互作用と荷重沈下の関係

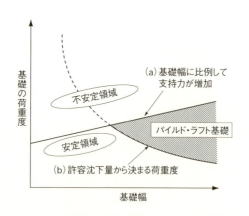

図12.3.4　基礎幅と基礎の荷重度から見た適用範囲

12.3 パイルド・ラフト基礎

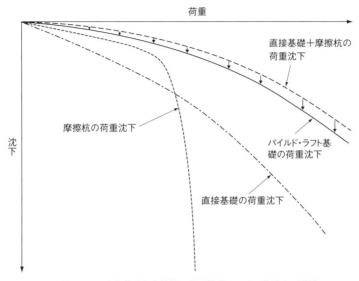

図12.3.5　直接基礎と摩擦杭の併用基礎における荷重沈下関係

　パイルド・ラフト基礎における水平抵抗には図12.3.6の（a）に示すように直接基礎による抵抗と杭による抵抗がある。地震などの水平荷重に対する抵抗として杭の本数が少ない（杭間隔が広い）場合は直接基礎の抵抗で十分な場合があり，杭は安全余裕として考慮できるが，その効果を加算して使うこ

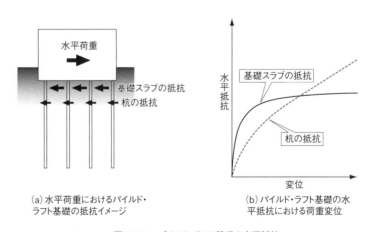

(a) 水平荷重におけるパイルド・ラフト基礎の抵抗イメージ

(b) パイルド・ラフト基礎の水平抵抗における荷重変位

図12.3.6　パイルド・ラフト基礎の水平抵抗

第12章　併用基礎

とも可能である。図12.3.6の（b）には水平荷重作用時の直接基礎と杭基礎の
水平抵抗の荷重変位の特徴を示した。水平抵抗の場合は比較的小さな水平変
位で直接基礎（基礎スラブ）の抵抗が発揮されるために，まず直接基礎の抵
抗を評価したうえで，杭の抵抗を加算するのも方法であるが，この場合は基
礎スラブから地盤へ伝達する力の流れにより，杭の水平抵抗剛性が低下する
ことがあるので，水平方向の変形が設計上問題になるような場合は注意が必
要である。ただしどのような場合においても鉛直支持性能としてのパイル
ド・ラフト基礎の性能が損なわれない（特に杭材の圧壊）配慮が必要である。

基礎構造の施工

第13章　基礎構造の施工

13.1

直接基礎の施工

　直接基礎で戸建て住宅などのように荷重が小さい場合，地盤が特に軟弱でなければ，若干の根入れを確保して基礎を施工するのが普通である。規模が大きくなると根入れ深さも増加すること，基礎のスラブ厚さ等も増加するため，山留めなどの仮設工事が必要となる。また基礎スラブ下の地盤を掘削後すぐに捨てコンクリートなどを打設して養生をしないと，支持地盤が緩んで所定の支持性能が確保できなくなることがあるので注意が必要である。特に地下水位が高いところでは要注意である。

13.2

杭基礎の施工

　杭は地中に杭体を設置して建物荷重を下部の地盤に伝達させることが必要である。そのためには杭体が損傷することなく，所定の深度まで所定の寸法で確実に施工されることがまず前提となる。杭基礎は多くの施工法が開発されているので，その種類は非常に多岐にわたる。ここでは代表的な施工法を紹介する。

(1) 打込み杭工法

　打込み杭工法とは杭頭部をハンマーで打撃してそのエネルギーで杭体を地盤へ貫入させる方法である。この工法では杭体が地盤中に貫入するため，地盤を強化することが出来ることから杭の支持性能は大きく，かつコストも安いため一時は非常に多く採用されてきた。しかし，工法上の特徴からハンマー打撃時の騒音と地盤へ貫入するときの振動が大きく，市街地での使用は難しいことが多く，現在では施工できる場所は非常に限られている。

(2) 埋込み杭工法

238

打込み工法の騒音・振動を軽減する目的で予め地盤に穴をあけておき，そこに杭体を貫入させる施工法が埋込み工法である。ただ，それだけでは打込み工法に比べて支持性能が著しく落ちるため，地盤にあけた穴にセメントミルクを注入して杭の先端とか周辺を固めて支持性能を確保する施工法が開発されている。図13.2.1はその一例であるが，この場合は杭先端の根固め部を拡大することにより，更に支持性能を向上させるようにしている。

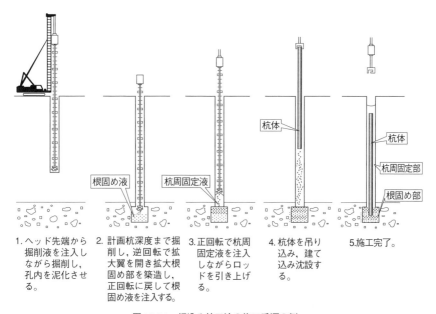

図13.2.1　埋込み杭工法の施工手順の例

(3) 場所打ちコンクリート杭

打込み杭も埋込み杭も，工場で製造された杭を建設敷地に運搬して施工される方法であるが，その直径は工場生産あるいは運搬上の制限から1m程度が限界であり，結果としてその支持力はある程度に制限される。これに対して大きな支持力を発揮できる杭に場所打ちコンクリート杭がある。この施工法は図13.2.2に示すように地盤に大きな穴をあけて，そこに鉄筋とコンクリートを打設してRC構造の杭を造るものである。この方法だと直径は2mでも3mでも可能であり，大きな鉛直支持性能を期待できる。またその底部を拡底して

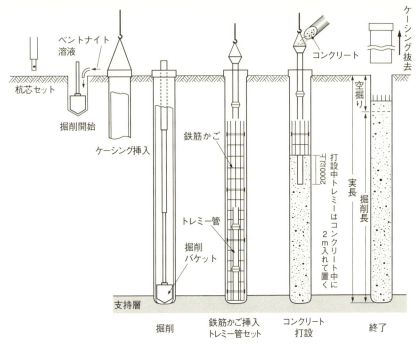

図13.2.2　場所打ちコンクリート杭（アースドリル工法）の施工手順

　拡底場所打ちコンクリート杭として更に支持性能の向上を図った工法とか矩形状に掘削した壁杭が使われている。

13.3

地下室の施工

(1) 地下階の施工手順

　規模の大きな建物は多くの場合地下階がある。この地下階を施工するときは地盤を深くかつ大規模に掘削するので，その周辺の地盤を崩壊させないような施工が必要になる。そのためには掘削するところの周面には地盤が崩壊しないように仮設の山留め壁が必要であり，かつその壁が壊れないように水平力を支える支保工が必要になる。図13.3.1はその各部材の名称を示したもの

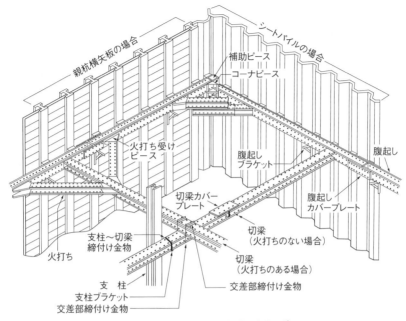

図13.3.1　山留め架構の全体図[47]

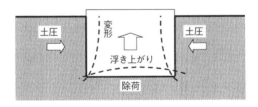

図13.3.2　掘削による土圧と除荷

である。

(2) 山留め工法の種類

図13.3.2に示すような地下を造るために，地盤を掘削するとその体積分の土の重量が排土される。その結果，掘削背面の地盤からの圧力（土圧，水圧）と底面部の浮き上がり（リバウンド）が生じる。特に掘削背面の圧力はその深さにもよるが多くの場合背面の崩壊を防ぐ目的で山留め壁とそれを支持する支保工が必要になる。したがって，山留め壁や支保工も側圧を支持できるように設計・施工されなければならない。山留め壁や支保工の設計に必要な

第13章 基礎構造の施工

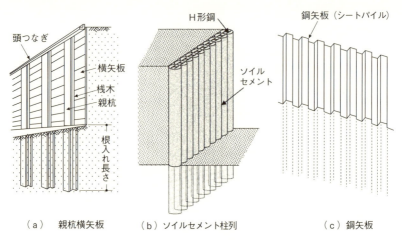

(a) 親杭横矢板　　(b) ソイルセメント柱列　　(c) 鋼矢板

図13.3.3　代表的な山留め壁の種類

側圧の考え方は7.5節に述べた。山留め壁には簡易なものから大掛かりなものまであるが，代表的なものを示すと図13.3.3のようである。図13.3.3（a）の親杭横矢板工法は地盤に地下水がない場合とか掘削深さが比較的浅い場合に使われる。また図13.3.3（b）はソイルセメント柱列工法で地下水がある場合で掘削深さが深い場合に使われる。図13.3.3（c）は鋼製横矢板（シートパイル）工法であり，比較的簡易な場合に採用される。

(3) 地下階施工法の種類

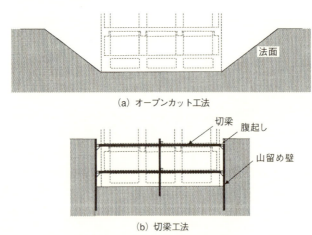

図13.3.4　地下階の施工法（地下工法）

13.3 地下室の施工

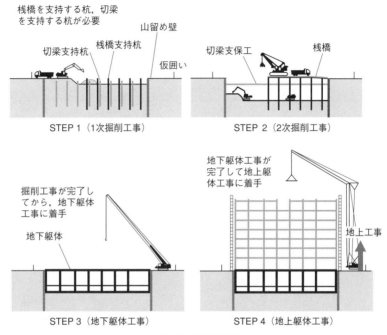

図13.3.5 順打ち工法

　地下階の施工法の代表的な方法を示すと図13.3.4のようになる。図13.3.4（a）は地盤を掘削するときに敷地周辺に余裕があると，周辺地盤が壊れない程度の傾斜で掘削して地下を構築する方法である。図13.3.4（b）は掘削地盤の周辺に山留め壁を構築して地盤からの力を腹起し，切梁へ伝達して地下室を構築する工法である。これらの施工法はどちらも地盤を掘削し終わってから建物を施工する工法（順打ち工法）であり，その施工手順を示すと図13.3.5に示すようになる。これに対して大規模な地下工事を伴う建物施工で採用される逆打ち工法は図13.3.6に示すように山留め壁は施工するが，予め仮設の杭（本設の杭との兼用もある）と構真柱を施工して1階躯体を先に施工して切梁の代わりとし，地下を順じ構築していく工法である。このときに1階部分が出来ているので，地上部分も同時に施工できるため施工の期間（工期）が大きく短縮される。逆打ち工法は地盤の掘削が終了する前に建物の施工（躯体工事，仕上げ工事など）が相当進捗しているが特徴である。

243

第13章 基礎構造の施工

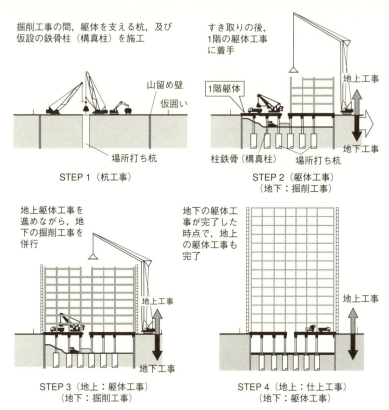

図13.3.6 逆打ち工法

第14章

基礎設計の要点

第14章　基礎設計の要点

▼

14.1

基礎の性能設計の考え方

　基礎構造の設計において，重要なのは構造物の供用期間において設計者が
考える外力（自重，地震，風など）に対して要求される性能（状態ともいえ
る）を満足するように設計することである。代表的な場合として通常の荷重
状態（固定荷重と積載荷重）での基礎はどのような条件を満足すればよいの
であろうか？　まずは想定される荷重に対して建物を十分に支持できることで

表14.1.1　各限界状態に対応する要求性能（直接基礎）[1]

性能レベル（限界状態）	要　求　性　能		
	上部構造に対する影響	基　礎　部　材	地　盤
終局限界状態	地盤および基礎の破壊あるいは過大な変位・変形の影響によって，上部構造が破壊しない。建物が転倒しない。	基礎部材が脆性的な破壊を生じない。また，変形性能の限界に達して，耐力低下を生じない。	地盤が崩壊しない。直接基礎全体が鉛直支持性能を喪失しない。
損傷限界状態	基礎の変位・変形の影響によって，上部構造に構造上の補修・補強を必要とするような損傷が生じない。過大な傾斜を生じない。	基礎部材に構造上の補修，補強を必要とするような損傷が生じない。	過大な変形が生じない。
使用限界状態	基礎の変位・変形の影響によって，上部構造が使用性・耐久性に支障を生じない。	耐久性に支障が生じない。有害なひび割れが生じない。	使用上有害な地盤の変形が生じない。

表14.1.2　要求性能レベルに対応する検討項目（直接基礎）[1]

性能レベル（限界状態）	検　討　項　目		
	上部構造に対する影響	基　礎　部　材	地　盤
終局限界状態	（基礎の変形角，傾斜角）	各部材の応力または変形量	鉛直支持力，（沈下），（滑動抵抗），液状化
損傷限界状態	基礎の変形角，傾斜角	各部材の応力	鉛直支持力，沈下，滑動抵抗，液状化
使用限界状態	基礎の変形角，傾斜角	各部材の応力またはひび割れ幅	沈下，滑動抵抗

［注］　（　）内の項目については必要に応じて検討する。

14.1 基礎の性能設計の考え方

表14.1.3 各限界状態に対応する要求性能（杭基礎）[1]

性能レベル（限界状態）	要求性能		
	上部構造に対する影響	基礎部材	地盤
終局限界状態	杭基礎の破壊または変位によって，上部構造が破壊しない，また，上部構造が転倒しない。	基礎部材が脆性的な破壊を生じない。また，変形性能の限界に達して，急激な耐力低下を生じない。	敷地地盤全体の安定性が失われない。また，杭基礎に作用する荷重が地盤から定まる杭基礎全体の最大抵抗力に達しない。
損傷限界状態	杭の変位によって，上部構造に構造上の補修・補強を必要とするような損傷が生じない。	基礎部材に構造上の補修，補強を必要とするような損傷が生じない。	残留変位が小さい。繰り返し荷重による変位の増加が小さい。
使用限界状態	杭の変位によって，上部構造の使用性，耐久性に支障が生じない。	基礎部材の耐久性に支障が生じない。	

[注] ＊基礎梁，基礎スラブ，杭頭接合部，杭体，杭体の継手部等

表14.1.4 要求性能レベルに対応する検討項目（杭基礎）[1]

性能レベル（限界状態）	検討項目		
	上部構造に対する影響	基礎部材	地盤
終局限界状態	（基礎の変形角，傾斜角）	各部材の応力，または塑性変形量	鉛直支持力，（沈下量）引抜き抵抗力，（引抜き量）水平抵抗力，（水平変位量）液状化
損傷限界状態	基礎の変形角，傾斜角	各部材の応力	鉛直支持力，（沈下量）引抜き抵抗力，（引抜き量）水平抵抗力，（水平変位量）液状化
使用限界状態	基礎の変形角，傾斜角	各部材の応力，またはひび割れ幅	沈下量（引抜き抵抗力），（引抜き量）（水平抵抗力），（水平変位量）

[注] （ ）内の項目については必要に応じて検討する。

ある。ではここでいう十分に支持するということはどのような状態をどのようにして満足させるかである。具体的には支持力と沈下で判断することになる。さらに地震荷重が付加された場合の基礎の役割をどの程度にするのか等，設計者は幾つかの外力が作用したときを想定して，基礎に必要な性能を決めて具体的な設計に入る。基礎性能の概略は表1.3.1に示すようなものである。具体的には性能レベルを幾つか設定して，そのときに対応する構造（基礎構

第14章　基礎設計の要点

造全体，基礎部材，地盤）の性能内容を示している。さらに具体的な基礎形式においてどのような性能内容とするかを決めて設計に入る。例えば直接基礎の場合，性能レベルと要求性能の関係は表14.1.1であり，要求性能レベルに対する検討項目は表14.1.2に示してある。杭基礎であれば表14.1.3であり，表14.1.4となる。以下，各性能レベルについて述べる。

(1)　使用限界状態

　この状態は建物が長期的な供用状態で想定される荷重のもとに基礎に要求される性能を示したものである。従来の言葉でいえば「長期」あるいは「常時」と称されるものに相当する。このときに基礎に要求される一番大切な用件は沈下への対応である。例えば沈下が十分に小さければ，基礎に有害なひび割れは入らないし，耐久性が落ちることもない。また周囲のライフライン（ガス管，水道管等）と建物との間で不具合が起こることもない。ところで，設計での慣用的な方法として，この状態を地盤の強さすなわち支持力から求めることがしばしば行われている。具体的には基礎の支持力を求めて，その値を安全率で割って，許容支持力とする方法である。この方法は支持力が比較的求め易いことと経験的にある安全率（普通3）を使えば大きな沈下が発生しにくいことから利用されている。しかし地盤は圧密沈下に代表されるように，長期的に沈下が進行する場合もあるので，沈下の検討を行うことが重要である。また基礎特有の外力としては斜面地などでの背面の土圧を受ける場合や地下室が深い場合などには水圧への対応などにも十分な考慮が必要である（第7章参照）。

(2)　損傷限界状態

　損傷限界状態は構造上何らかの被害が出ることを想定しており，再使用にあたっては構造上の補修・補強が必要になる。ところで，基礎構造はそのほとんどが地中にあり，損傷状態を観察することが困難な場合が多い。また何らかの方法で損傷が明らかになっても，上部構造と同じようには補修・補強が出来難い。この状態は地盤自体に関するものではなく，地盤の挙動が基礎構造あるいは上部構造に損傷を与える状態といえる。建物供用期間中に1回〜数回遭遇する中地震を前提とすれば，構造部材への損傷は起こさないような設計が望まれる。中地震の場合，地盤だけで起きる問題として液状化がある。

248

直接基礎はもとより，杭基礎においても，地盤が液状化すると様々な障害が想定される。液状化の可能性がある場合は防止対策も含めて対応を十分に行うことが必要になる。また，この状態は従来「短期」として取り扱われているものとほぼ同じと考えても良い。従来の「短期」の考え方の中に機能に対する障害の考え方がはっきりしていたわけでなく，部材強度の取り扱いがほぼ同じという意味である。

3）終局限界状態

終局限界状態とは構造物や地盤が最大の損傷レベルに達した状態である。具体的には基礎あるいは地盤の破壊，転倒で，構造物が人命を保護できない状態を避けることが必要である。しかし，基礎構造としては基礎全体の破壊あるいは転倒を検討することは容易でなく，基礎部材が終局状態に達したときをもって終局状態とする場合もあり，その定義は明確でないところもある。一方，上部構造が壊れるまでは基礎構造はそれを支持しておくことが必要であるという考え方もあり，設計者の判断に委ねられる部分が大きい。

14.2
戸建て住宅の基礎設計

戸建て住宅は敷地地盤全体の評価が最初に必要である。まず敷地地盤が洪積地盤であれば地盤沈下のような問題が発生する確率は低いので，敷地内での地盤の評価を行うことにより基礎を設計することが可能である。しかし，地盤が軟弱な埋立地や広域の地盤沈下地帯など地震時に液状化の発生が懸念されるような場合は，入念な地盤調査を行うことが必要になる。例えば沢の部分などに土砂を置いて造成地を作るなどの粗悪な地盤での被害などを避けるためには，その原地形がどのようなものかを十分に調査することが必要になる。

周辺の条件も含めて地盤が良い場合は，基礎形式は独立基礎あるいは布基礎が採用されることが多い。通常の建物であれば基礎スラブ部分の鉄筋の確実な設定と配筋，基礎梁の効果的な配置に注意しての設計で十分であろう。

地盤条件の悪い場合で地盤沈下が懸念されるときには，杭などを使ってその影響が少なくなるような対応が必要である。または敷地の地盤改良などの対策も考えられる。敷地下部に液状化地盤があるときは液状化防止の対策を講じることが最善であるが，戸建て住宅のようなものでは，そこまでの対策は難しい場合が多い。このようなときは基礎をべた基礎にすると同時に基礎梁に十分な強度の余裕を持たせると地盤が液状化しても建物自体が傾く可能性はあるが，崩壊は免れるし，またジャッキアップなどで修復も可能である。

14.3 低層建物の基礎設計

　低層建物の場合，基礎を設計するときの外力の特徴として，地震荷重があまり大きくならないことと，特殊な構造形式（例えば，一部の壁に水平力を集中させる。）を除けば地震荷重による水平力はあるが，上下方向の増減は小さい（図9.1.1参照）。このため，基礎の設計において多くの場合，常時の荷重で基礎を設計することができるので，鉛直力による支持力と沈下の評価が重要となる。特に沈下の検討においては上部構造が鉄骨造などであれば，変形に対する許容範囲が広がる可能性もあり，設計の合理化を計ることが出来る。ただし工場などの立地は地盤条件の良好な場合は少なく，同一敷地内における地層変化とか軟弱な埋め立て地盤などが多いので沈下と液状化には特に注意を払うことが必要である。軟弱地盤に図14.3.1のような形式の基礎が採用さ

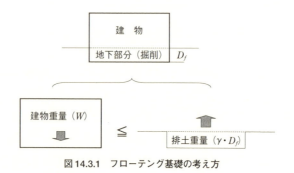

図14.3.1　フローテング基礎の考え方

れることがある。地盤を掘削して建物重量より大きな排土重量になるような基礎形式がある。これは船が水に浮くのと同じ原理で建物が地盤に浮くということでフローテング基礎と呼ばれている。この場合も建物が施工されるときの荷重は地盤に載荷されるので，沈下の検討は重要である。また軟弱な地盤を種々の方法（10.5節参照）で地盤改良を行い直接基礎が成立するような条件を作った基礎形式も考えられる。そのままでは直接基礎が成立しない場合には杭基礎となるが，その中間の基礎形式としてのパイルド・ラフト基礎（12.3節参照）も選択肢の一つにある。杭基礎としては摩擦杭と支持杭があるが，支持層が深く途中の地盤の摩擦抵抗が相当期待できる場合摩擦杭の採用も考えられるが，通常は支持杭基礎の採用される場合が多い。また護岸近傍に建物が計画される場合，地震時に護岸の変状の影響を受ける。特に護岸の近傍（護岸から100m以内）は地震時に側方流動がおきて護岸方向に地盤が大きく移動することがあるので，地盤改良などでその影響をなくするような対策が必要になる。

$$14.4$$

中高層建物の基礎設計

　中高層建物でも基本的には低層の場合と検討すべき内容は大きく変わらない。地盤条件の良し悪しが基礎形式の選択に大きく関係する。ただ低層に比べて地震時の基礎へかかる荷重が増加するのでその検討が重要になる。地盤が良い場合は直接基礎で十分に設計可能である。例えば粘性土地盤の一軸圧縮強度が100kN/m²の場合であれば，せん断強度は50kN/m²，許容支持力としては80kN/m²程度となり，RC構造でも4～5階の建物を十分に支持できる。ただし平面規模が少し大きくなると沈下量が過大となるために直接基礎の成立する余地は減少する。このときは直接基礎に少数の杭を併用したパイルド・ラフト基礎が使われる場合がある。地盤が悪い場合は沈下量が更に増加すること，また緩い飽和砂地盤が介在する場合が多く液状化対策も兼ねた地盤改良を行うとか，杭基礎の採用により沈下あるいは液状化に耐えられる基

251

第14章　基礎設計の要点

礎の設計が必要になる。また，図11.1.1のように地震時の建物の慣性力による水平力とモーメントが基礎に作用するのでその設計が必要になる。べた基礎であれば鉛直荷重と水平荷重の合力による傾斜荷重が基礎にかかることになる。傾斜荷重は10.2節に示したように地盤の支持力を低下させるので，10.2.2式のようにその影響を考慮した計算式を用いて支持力を検討することが必要になる。杭基礎の場合は建物全体の回転によるモーメントの影響で端部の杭に正負の軸力が加算される。その軸力変動が大きいと杭に引抜き力がかかることもある。このとき杭体がコンクリート杭（PHC杭とか場所打ちコンクリート杭）の場合には杭体の損傷の検討と杭自体の引抜き抵抗力の検討が必要になる。引抜き抵抗力は杭の鉛直摩擦抵抗の方向が逆になったものだが，11.4節に示すような方法でその抵抗を検討する。また水平力に対しては11.3節に示すような杭の水平抵抗を計算することにより耐震設計を行う。

14.5

超高層建物の基礎設計

　超高層建物における基礎の検討項目は中層建物と大きく変わらないが，規模が大きくなり，大きな外力が基礎及び地盤へかかるので，その伝達応力の増加による沈下あるいは変形の評価がより重要になる。特に設計で考慮すべき地盤の範囲が広がるために，当初の地盤調査も十分な深さまで行う必要がある。超高層建物もその初期は支持性能の大きい地盤へ直接基礎で設計することが多かった。この場合は大きな荷重で地盤がどの位変形するかを予測する事が重要であったが，地震時の支持力も比較的余裕があり，基礎設計は一般の建物と比べてあまり変わらなかった。しかし超高層建物の数が増加して，地盤条件の悪い所に計画される事が多くなると，その基礎設計も幾つかの新たな課題を解決する必要が出てきた。例えば超高層建物は大きな地震の波を使って建物を応答させる（動的応答解析）ことが必要であるが，地盤が悪い時はその地震によって地盤自体の非線形性が大きくなり，その検討が難しくなる。特に杭基礎になると杭体周辺の地盤が大きく変形して，杭に地盤から

252

14.5 超高層建物の基礎設計

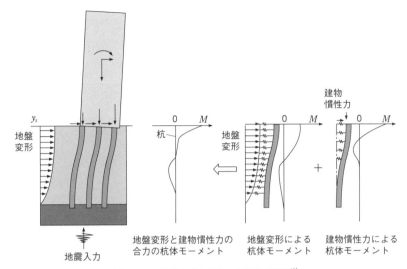

図14.5.1 地盤変形を考慮した基礎の設計[48]

直接に力を作用するような現象を考慮しなければならない。その極端な例が液状化である。このような場合，図14.5.1に示すように建物からの地震力だけでなく，地盤自体の変形が直接杭に荷重として載荷されるので両方の力に耐えられる杭を設計する必要がある。その結果として杭基礎をより強いものに

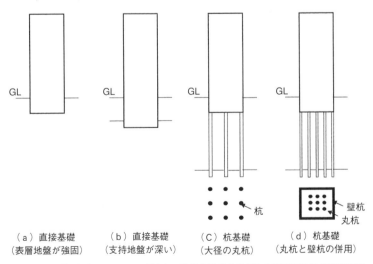

(a) 直接基礎　　(b) 直接基礎　　(C) 杭基礎　　(d) 杭基礎
(表層地盤が強固)　(支持地盤が深い)　(大径の丸杭)　(丸杭と壁杭の併用)

図14.5.2 場所打ちコンクリート杭として丸杭と壁杭を併用した超高層建物の基礎の例

253

第14章 基礎設計の要点

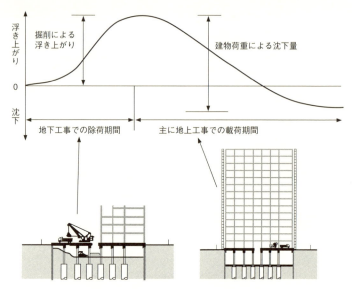

図14.5.3　逆打ち工法での浮き上がりと沈下

する方法としては，図14.5.2に示すように，丸い杭ではなく矩形の地中連続壁杭を使うとか，丸い杭との併用が行なわれることもある。また施工法も逆打ち工法が採用されると，図14.5.3のように掘削する前に1階の躯体が出来上がるので，その後に始まる地盤の掘削による除荷で地盤は浮き上がる。超高層建物の場合はこの掘削量が大きいので浮き上がり量も増加して，1階だけでなく完成した躯体に変形を与える。また浮き上がった後には建物の工事の進捗により荷重が増加して沈下が生じることになる。このために施工においてその浮き上がり量とか沈下量を予測して，障害が起きないような施工計画を立てることが必要である。

14.6　埋め立て地盤等の軟弱地盤での基礎設計

（1）液状化の発生が予想される場合

　　埋め立て地盤は多くの場合，地下水位が高く緩い飽和した砂地盤が存在し

254

て，ある程度以上の地震で容易に液状化する場合が多い。そのような所に基礎を設計する場合は建物はもちろんのこと，液状化により基礎自体の損傷を少なくするような設計が必要になる。その対策については10.5節あるいは11.5節に述べたが，埋め立て地盤の場合は埋め立て時に地盤改良が施されている可能性もあり，その埋め立て履歴を調査できるようであれば，設計の前に十分な情報収集を行うことが得策である。また液状化対象地盤への対策は行わず，杭基礎で設計する場合もある。この時は液状化しても損傷が起きないような杭（例えば鋼管の内側にコンクリートを入れた杭など）を使う方法もあるので，設計者は建物の種類とか構造特性を十分に理解して基礎の選択と基礎設計を行うことが重要である。

(2) 地盤沈下の発生が予想される場合

地盤沈下の現象は大別すると二つになる。一つは宅地造成とか海岸部での埋め立てによる比較的浅い粘性土層の沈下である。例えば沼地などの埋め立

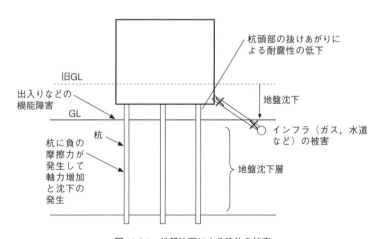

図14.6.1　地盤沈下による建物の被害

てでは沈下が局所的に発生する可能性等があり，基礎の傾斜発生の原因となる。また埋め立て地盤での杭基礎は図14.6.1に示すよう表層地盤の沈下により機能上の障害と共に，杭頭部の抜けあがりによる，耐震性能の低下とか，杭に周辺の地盤がもたれかかり，杭に建物からの荷重以上の負荷をかける負の

摩擦力（11.6節参照）も生じるので，基礎設計においては予想される現象とその対策を十分に検討しておくことが必要になる。もう一つは地下水のくみ上げなどによる広域の地盤沈下である。この場合は沈下が生じている地層が比較的深く，建物の基礎（杭など）より深いところで沈下が発生することがある。この場合は建物だけの機能とか構造での大きな問題はないが，地盤自体が下がる事による洪水とかの防災上の問題等に対する対応は必要になる。

14.7 擁壁の設計

擁壁の種類は図14.7.1に示すように多種多様である。練積み擁壁とかもたれ式擁壁などは背面の地盤自体が十分に安定していることが基本である。これに対して半重力式，片持ち梁式，控え壁式などの擁壁は背面の地盤からかかる土圧を受ける構造になっており，その検討が必要になる。擁壁の設計においては図14.7.2に示すように背面の土圧の大きさを求め，その抵抗要素である

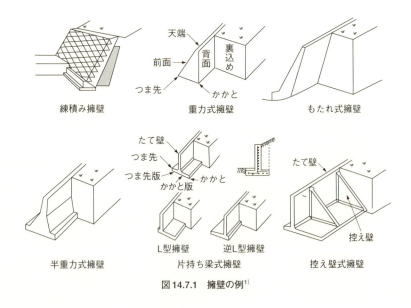

図14.7.1　擁壁の例[1]

擁壁底部の抵抗（支持抵抗と摩擦抵抗）及び根入れ部の抵抗を評価して設計する。またいくら擁壁が土圧に抵抗できても擁壁を含めた斜面全体の安定が保てないといけないので，その検討も同時に行う必要がある。また地震時には水平力が作用

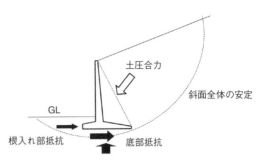

図14.7.2　擁壁の安定の検討方法

するので，擁壁の安全性のみならず，擁壁の基礎の安定についても検討することが重要になる。特に背面の地盤近傍に建物がある場合にはその影響を検討して十分に安全な対応を取る必要がある。また敷地近傍に擁壁が存在する場合，建物を計画するときは予め十分な調査を行うことが必要である。

基礎構造と環境

第15章 基礎構造と環境

15.1

基礎構造の環境問題への取り組み

　基礎構造における環境問題はその歴史が古い。例えば明治時代から始まった工業用水の汲み上げによる広域地盤沈下の問題に対する汲み上げ規制での対応，ディーゼルハンマー等の打込み杭工法の大きな騒音・振動の問題に対する埋込み杭工法の開発による対応等が行われてきた。また近年では基礎工事においては埋込み杭工法とか場所打ちコンクリート杭工法などで排出される産業廃棄物としての泥土の処理が問題になりつつある。幾つかの対応方法が試みられているが，今後更なる工法開発がおこなわれる分野であろう。また大規模な建設工事（地下工事）は掘削土の搬出だけでなくその周辺への影響も少なくない。特に工事周辺にある建物，ライフラインなどへの影響を適切に評価することも重要である（13.3節，14.5節参照）。今後は基礎構造にも単なる技術的な合理性の追求だけでなく，地球環境への貢献も考慮した新しい技術の開発が求められる。

15.2

広域地盤沈下

　図15.1のように日本各地の沖積平野において，地下水の汲み上げなどが原因で広域地盤沈下が発生した。関東平野においてはその沈下量が400cmにも達していた。このために幾つかの地下水の汲み上げを規制する法律が施行され，結果として多くの地盤沈下地帯で沈下が収まっているのが現状である。この現象は地下水の低下により，沖積平野に存在する正規圧密粘性土が，圧密未了状態に変化し，排水による圧密沈下を発生させたためである。杭基礎の場合，この沈下が生じると建物の杭が抜け上がったような状態になり，ネ

260

15.2 広域地盤沈下

ガティブフリクションの発生（11.6節参照）とか，杭の水平抵抗の大幅な減少が起きるだけでなく，周辺の地下インフラ（ガス，水道など）に障害が発生する（14.6節参照）。この現象と類似のものとして埋立て地盤の地盤沈下がある。この場合も広い面積を埋め立てすることで，下部に沖積粘性土があると同じような沈下が発生するので，建物基礎を設計する際には，地盤沈下が十分収まっているのかを確認するか，沈下が未了となっているような場合にはその現象を十分に考慮した設計が必要になる。

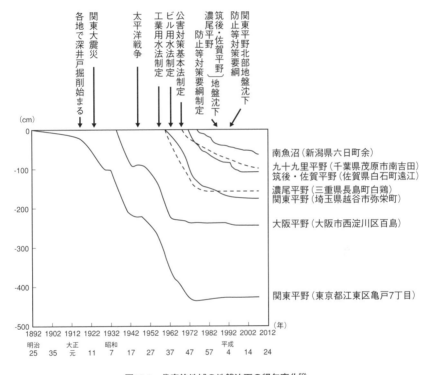

図15.1 代表的地域の地盤沈下の経年変化[50]

第15章　基礎構造と環境

15 . 3

杭の施工に伴う環境問題

　市街地での杭の施工は周辺構造物への影響（振動，騒音など）を考慮することが必須であり，その影響を少なくするような施工法（13.2節参照）が発達してきた。打込み杭工法は騒音，振動ともに各種規制値を越えており，現状では市街地における施工はよほどの場合でないと採用することは出来ない。これに対して埋込み杭工法は規制値に対応できるので，市街地のほとんどでこの工法が採用されている。更に鋼管杭を回転貫入させる施工法により，騒音・振動だけでなく掘削による廃土の発生を防止した工法もあり，施工法の開発により，環境への影響を低減させるような各種の工夫が行われている。

15 . 4

地盤環境振動問題

　市街地における都市インフラの整備と複合化が進んだ結果，鉄道や道路からの交通振動や各種工場から発生する機械振動が地盤へ伝達し，その振動が十分に減衰しないまま住宅，事務所，精密工場で振動障害となる事例が増えている．また逆に建築物中にある機械等の振動が周辺構造物へ地盤を伝わって振動障害を起こす可能性もある。これは住宅とかオフィスでの振動の要求レベルの向上とか，半導体製造工場などの精密機器を扱う施設での生産品の高精度化・微細化により受振許容値が厳しくなるなど，環境振動に対する要求性能が高まったためである。

　表15.1に地盤環境振動の要因と特徴を示す。この要因からの建物への影響度合いは，伝達媒体になる地盤の振動特性も関係していることにも注意が必要である。

262

15.4 地盤環境振動問題

表15.1 地盤環境振動の要因[51]

要因	加振源	振動の原因	振動の主な特徴
高架を含む道路および鉄道	車両	道路：路面の凹凸・亀裂やマンホールなど	断続的に繰り返す衝撃振動 2～3Hzおよび8～12Hzが卓越
		鉄道；レールの継目など	断続的に繰り返す衝撃振動 8～12Hzが卓越
		高架橋：橋桁の共振など	断続的に繰り返す衝撃振動 2～3Hzの低振動数
トンネル，地下鉄	車両	レールの継目など	断続的に繰り返す衝撃振動 20Hz以上の比較的高い振動数
工場	プレス機械，圧縮機，せん断機など	プレスなどの衝撃力や回転機械の偏心による振動	定常振動（開店機械）あるいは間欠的に繰り返す衝撃振動（プレス機械）など
建設工事	建設重機など	重機などの作業・走行	作業に応じて，衝撃振動から定常振動までさまざま
ライブハウス，スポーツ施設	人間	人間の「たてのり」などの動作による加振力	定常振動など 2～5Hzの低振動数が卓越

　地盤内を伝搬する振動は，実体波と表面波に分けられる．実体波は地中内部を進行する振動でありP波（粗密波）とS波（せん断波）である．表面波は地表面付近に現れる振動で，上下に楕円を描くように振動しながら進行するレイリー波（Rayleigh Wave）と，進行方向に対し水平直交方向に振動しながら進行するするラブ波（Love Wave）がある．地盤環境振動問題では，振動源のごく近傍では実体波が主となるケースが多いが，振動源から少し離れた場所では，エネルギーが大きく距離減衰が小さいレイリー波が主となるケースが多い．

　振動発生源である機械側の対策としては，例えば生産機械，設備機器などで，基礎やその下の地盤に作用する加振力を抑えて周囲への振動を小さくする対策がある。具体的には防振ゴム，金属ばねあるいは空気ばねといった防振材料による防振工法である。また道路の場合は路面の平滑化や速度制限である。

　床や嫌振機器等の受振側対策としては，基礎補強（杭の剛性増加など），AMD（Active Mass Damper）などによる制振装置や除振装置による方法，構造体の剛性増加で固有振動数を高くして共振を避ける方法などがある。

263

15.5 土壌汚染問題

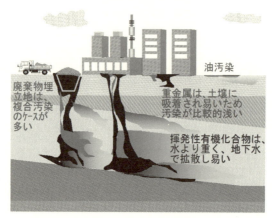

図15.2　廃棄物および重金属・揮発性有機化合物による土壌汚染の状況

　土壌汚染は図15.2に示すように揮発性有機化合物や重金属等の人体に有害な物質が工場などの関連施設から漏洩して地中に浸透拡散した場合に起きる。放置するとその汚染は地下水の流れにより大きな広がりを示す可能性もあり，適切な処理が早期に求められている。土壌汚染防止法の施行以来，土壌汚染の可能性がある場合，事業者はその汚染状況を調査して汚染対策を速やかに講じることが求められる。表15.2は土壌汚染防止法で示されている主な特定有害物質と用途を示したものである。土壌汚染調査は建築基礎構造を設計する前に，解決しておかなければならない問題であり，基礎構造設計時に汚染対策を同時に検討することは原則的には無いが，事前調査の時にもし汚染対策が行われていることがあれば，その対策法の理解とそれによる基礎設計への影響について十分検討することが必要になる。また以上のような人為的な場合と自然由来の土壌汚染もあるので，どのような経緯で土壌汚染が発生したかとそれに適合した対策が講じられているかを十分に理解しておくことも肝要である。

15.6 地球環境問題への貢献事例

表15.2 主な特定有害物質と用途[52]

	物質名	主な用途
揮発性有機化合物	四塩化炭素	機械器具の洗浄,殺虫剤，ドライクリーニングの洗剤,フロンガスの製造
	1,2-ジクロロエタン	塩化ビニルモノマー原料，合成樹脂原料，フィルム洗浄剤，有機溶剤，殺虫剤
	ジクロロメタン	プリント基盤の洗浄，金属の脱脂洗浄，冷媒,ラッカー
	テトラクロロエチレン	機械金属部品や電子部品の脱脂やドライクリーニング用の洗剤
	トリクロロエチレン	機械金属部品や電子部品の脱脂やドライクリーニング用の洗剤
	ベンゼン	染料,溶剤,合成ゴム，合成皮革,合成顔料，化学工業用原料,ガソリン
重金属など	六価クロム化合物	化学工業薬品，メッキ剤
	シアン化合物	メッキ工業，化学工業
	水銀およびその化合物	化学工業，電解ソーダ,蛍光灯,計器
	鉛およびその化合物	鉛蓄電池，鉛管，ガソリン添加剤など用途が広い
	砒素およびその化合物	鉱山，製薬，半導体工業
	ポリ塩化ビフェニル (PCB)	電気絶縁油，熱媒体，ノーカーボン複写紙などに使用（現在は製造・使用禁止）
	チウラム	種子，球根，芝などの殺菌剤，ゴムの加硫促進剤

15.6

地球環境問題への貢献事例

　基礎構造関連の課題としての環境問題への取り組み（15.1節から15.5節）について述べてきたが，基礎構造が地球環境にどのような貢献をすべきかについてはまだ十分な検討がされているとは言い難い。地球環境への貢献の具体的な姿のひとつとして，リユース，リデュース，リサイクルのような考え方が求められている。上部構造であれば鉄骨のリデュースあるいはリユースがあり，基礎構造においては同じような視点で見ると，杭とか地下構造物のリユースが考えられる。その試みのひとつとして実際に行われているものに既存杭の再利用がある。再利用において問題となる課題に耐久性がある。コンクリート杭であればコンクリート表面からの中性化の進行の程度，鋼管杭で

265

第 15 章　基礎構造と環境

あれば同じく鋼材面からの錆による腐食である。これまでの調査例では杭が土中（ほとんどが飽和した地盤）にあると中性化や腐食の進行は抑えられ，再利用に際しては問題が少ないと言われている。むしろ課題は再利用における基礎設計でどのような利用の仕方を考えるかがポイントになる。特に新設構造物はそれまでの既設構造物と柱割りなどが異なるのが通常であり，既存杭への力の伝達には少なからずの工夫が必要になる。そのために既存杭を全部使うのではなく一部を再利用する例も多い。またその利用割合を増加させるためには，柱割りを工夫したり，梁を大きくしたり，基礎スラブをマットスラブにするなどの対応が必要である。それでも既存杭の全部を再利用することは難しく，部分的な利用になることが多い。再利用における検討項目としては新設杭と既存杭の性能評価を確実に行うことが求められる。具体的には鉛直支持力と鉛直剛性の評価と，地震などの水平抵抗及び水平剛性の評価である。その検討の結果，どちらの杭にどのくらいの荷重（力）を分担させるかとか，そのための機構はどのようにするかなどが重要となるので，既存杭の性能を十分調査して把握しておくことが求められる。更に言えば再利用を前提とした杭の計画を行いその敷地における上部構造物が3世代くらい（概略200年程度）変わっても同じ杭あるいは基礎で対応出来るような提案もこれからは必要になるかもしれない。

参考文献

1. （社）日本建築学会（2001）:「建築基礎構造設計指針」
2. 西村祐二郎，鈴木盛久，今岡照喜，高木秀雄，金折裕司，磯崎行雄（2002）:「基礎地球科学」，朝倉書店
3. （社）土質工学会（1979）:「土質・基礎工学のための地質入門」
4. 今井五郎（1983）:「わかりやすい土の力学」鹿島出版会
5. （社）地盤工学会（2004）:「地盤調査の方法と解説」
6. 畑中宗憲，鈴木善雄，川崎孝人，遠藤正明（1987）: Cyclic undrained shear properties of high quality undisturbed Tokyo gravel, Soils and Foundations Vol. 28, No.4, pp. 57-68
7. （社）地盤工学会（2009）:「地盤材料試験の方法と解説」
8. 桑原文夫（2002）:「地盤工学」，森北出版株式会社
9. Terzargi, k., Peck, R. B.,（1948）:「Soil Mechanics in Engineering Practice」, John Wiley& Sons, Inc
10. （社）地盤工学会（2001）:「土質試験－基本と手引き」
11. 畑中宗憲，内田明彦，大岡弘（1995）:「Correlation between the liquefaction strenghts of saturated sands obtained by in-situ freezing method and rotary-type triple tube method」, Soils and Foundations Vol. 35, No. 2, pp. 67-75
12. Boussinesq, J.（1985）:「Applications des potentials a l'etude de l'equilibre et de movement des solides elastiques, Paris」
13. Steinbrenner, W.（1936）:「Tafeln zur Setzungsberechnung, Bodenmechanik, und neuzeitl cher Strassenbau, Schriftenreihe der strasse, Nr. 3」
14. Newwark（1935）:「Simplified computation of vertical pressuses in elastic foundation, circular No.24, Engineering Experiment Station, University of Illinois」
15. 大崎順彦（1991）:「建築基礎構造」，技報堂
16. 畑中宗憲，内田明彦，竹原直人（1997）:「Permeability characteristics of high quality undisturbed sands measured in triaxial cell」, Soils and Foundations, Vol 37, No. 3, pp. 129-135
17. 畑中宗憲，内田明彦，田屋裕司，竹原直人，萩沢毅，酒匂教明，小川伸也（2001）:「Permeability characteristics of high quality undisturbed gravel soils measured in laboratory tests」, Soils and Foundations Vol. 41, No. 3, pp. 45-55
18. 石原研而（2001）:「土質力学（第 2 版）」，丸善株式会社
19. 鳥海　勲（1984）:「災害の科学」，pp. 137, 森北出版
20. Casagrande, A.,（1936）"The determination of the pre-consolidation Load and its prastical Significance", Proc. 1st ICSMFE, p. 60
21. 吉見吉昭（1969）:「土質力学」，彰国社

参考文献

22. Raynolds, O. (1885)：「On the dilatancy of media composed of rigid particlar in contact」, Philosophical Magazine, 5th Series 20, pp. 469-481

23. Skempton, A. W., (1954)：「The pore pressure Coefficient A and B」, Geotechnique, Vol. 4, No. 4, pp. 143-147

24. Skempton, A. W., (1961)：「Effective stress in soil, concrete and rock」, Pore Pressure and suction in soils, Butterworths, London, pp. 4-16

25. 文部省検定教科書 (1994)：「土質力学」, 実教出版

26. Gibbs, H. J., and W.G. Holtz, (1957)：「Research on determining the density of sand by spoon penetration test」, Proc. of 4th, ICSMFE, Vol. 1, pp. 35-39

27. 渡部丹ほか (1991)：「Large scale field tests on Quaternary sand and gravel deposits for seismic siting technology, 2nd International Conference on Recent Advances in Geotechnical Engineering and soil Dynamics」, pp. 271-288

28. 畑中宗憲, 内田明彦, 加倉井正昭, 青木雅路 (1998)：「砂質地盤の内部摩擦角 ϕ_d と標準貫入試験のN値について」, 建築学会論文集 (構造系), No.506, pp. 125-129

29. 佐藤英二, 青木雅路, 丸岡正夫, 長谷理 (1992)：「洪積砂質土地盤における山留め側圧の評価」, 山留めとシールド工事における土圧, 水圧地盤挙動に関するシンポジューム, pp. 141-144

30. 西垣好彦 (1998)：「Nとc・φの活用法の第10章」(社) 地盤工学会, pp. 183-201

31. 若松加寿江 (1989)：「地震災害を知る・防ぐ」(石井弓夫ほか共著) 古今書院, pp. 10-52

32. 吉見吉昭 (1999)：「砂地盤の液状化 (第2版)」, 技報堂

33. 時松孝次 (1996)：「地盤及び基礎構造から見た建物被害」, 土と基礎, Vol. 44, No. 2, Ser. No 457. pp. 14-18

34. 畑中宗憲, 内田明彦, 田屋裕司 (2003)：「Effect of anisotropy on drained and undrained shear behaivior of in-situ sandy soils」, Deformation Characteristics of Geomaterials, pp. 519-526

35. 時松孝次, 吉見吉昭 (1984)：「Empirical correlation of liquefaction based on SPT N-Value and fines content」, Soils and Foundations, Vol. 23, No. 4. 56-74

36. Mulilis, J. P., H. B. Seed and C.K. Chan (1977)：「Effects of sample preparation on sand liquefaction」, J. GED, ASCE, Vol. 103, No. GT2, pp. 91-108

37. 岸田英明 (1966)：「基礎の根入部分の変位と土圧係数に関する研究, 軟弱地盤と公団住宅基礎の耐震設計に関する研究報告書, p. 51-69, 日本建築学会

38. 山口柏樹 (1971)：「土質力学」, 技報堂

39. Jaky.J. (1948)：「Pressure in silos」Proc.2nd ICSM.,1

40. Mayne, P. W. and Kulhawy, F. H (1982). ：「Ko-OCR Relationships in Soils」, ASCE, Journal, vol. 108, NooGT6, pp. 851-872

41. 畑中宗憲，内田明彦，田屋裕司（1999）：「Estimating ko-value of in-situ gravelly soils」, Soils and Foundations Vol. 39, No. 5, pp. 93-101

42. 日本建築学会（2002）：山留め設計施工指針

43. （社）地盤工学会（1999）：「地盤工学ハンドブック」，（社）地盤工学会

44. 石原研而（1976）：土質動力学の基礎，鹿島出版会

45. 日本建築学会（1995）：建築基礎設計のための地盤調査計画指針

46. 日本建築センター：建築物のための改良地盤の設計及び品質管理指針－セメント系固化材を用いた深層・浅層混合処理工法－, pp. 22-23

47. 日本建築学会（1997）：建築工事標準仕様書・同解説　JASS3　土工事および山留め工事JASS4　地業および基礎スラブ工事, pp. 77-83

48. 加倉井正昭（2000）：超高層ビルにおける基礎の現状と展望，基礎工，Vol.28, No.1, pp. 7-12

49. 芳賀保夫（1990）：建物の許容沈下量，土と基礎，Vol.38, No.8, pp. 41-46

50. 環境省　水・大気環境局：平成19年度全国の地盤沈下地域の概況

51. 日本建築学会（2009）：建築基礎設計のための地盤調査計画指針, p. 69

52. 同, p. 73

53. Tanaka H.：Sample quality of cohensive soils; lessons from three sites, Ariake, Bothlernnar and Drammeu, Soils and Foundations, No. 4, pp. 57-74, 2000.

索　引

［あ］

圧縮 ……………………………78
圧縮係数 …………………………83
圧縮指数 ……………………84, 88
圧密 ……………………………79
圧密係数 …………………………91
圧密降伏応力 ……………86, 130, 207
圧密試験 ……………………65, 82, 85
圧密沈下 ……………………207, 208
圧密沈下量 ………………………82
圧密度 ……………………………92
圧密排水せん断試験 ………………111
圧密非排水せん断試験 ……………112
圧力球根 ……………………………56
安定解析 ……………………………176
安全率 ……………………74, 172, 248

［い］

異種基礎 ……………………230, 231
一次元圧密試験 ……………………82
一次元圧密理論 ……………………88
一軸圧縮試験 ………………113, 186
一面せん断試験 ……………………106

［う］

打込み杭 ……………184, 216, 238
埋込み杭 ……………184, 216, 238
運搬 …………………………………9

［え］

鋭敏比 ………………………136, 186
液状化 …………………………………

117, 121, 124, 186, 190, 250, 254
液性限界 ……………………………37
N値 ……………………………16, 186
円弧すべり …………………………176
鉛直荷重 ……………………………219
鉛直支持力 …………………………217
鉛直沈下量 …………………………219
鉛直摩擦抵抗 ………………………252
鉛直有効応力 ………………………125

［お］

応力経路 ……………………114, 122
応力－ひずみ関係 …………132, 206
親杭横矢板工法 ……………………242

［か］

過圧密地盤 …………………………86
過圧密粘土 …………………………130
過圧密比 ……………………………86
過剰間隙水圧 ………………81, 119, 179
荷重の傾斜角 ………………203, 211
仮想作用面 …………………………220
環境 …………………………………24
間隙圧係数 …………………103, 105
間隙水圧 ……………………12, 46, 47
間隙比 ………………………………30
間隙率 ………………………………30
換算N値 ……………………………125
含水比 ………………………………30
乾燥単位体積重量 …………………32
乾燥密度 ……………………………32

［き］

木杭	184, 190
既製杭	184, 216
基礎構造	189
基礎スラブ	198
基礎設計	191
基礎底面の摩擦係数	203
基礎の耐久性	190
基礎の要求性能	191
キャサグランデ（Casagrande）	86
逆打ち工法	243
吸着水	37, 62
強度増加率	128
強度定数	107
極限支持力	199
極限周面摩擦抵抗	218
極限先端支持力	218
許容支持力	248, 251
均等係数	28

［く］

杭間隔	219, 220
杭基礎	2, 183, 220, 230
杭状改良	211
クイックサンド現象	73
クイッククレイ	136
杭頭部	219, 222, 255
杭の水平抵抗	221, 252
クレーガー（Creager）	70
クーロンの主働土圧	156
クーロンの受働土圧	156
クーロンの破壊基準	107
繰返し三軸試験機	122
繰返し変形試験	131
繰返し変形特性	131
群杭効果	219, 220
群杭の鉛直沈下量	219

［け］

傾斜角	208, 246
形状係数	202～204
原位置地盤凍結サンプリング法	22
原位置透水試験	66
限界動水勾配	73
限界状態設計法	6
建築基礎構造設計指針	7, 124
減衰定数	131, 185

［こ］

鋼管杭	184
剛性	199
鋼製横矢板	242
拘束圧依存性	184
固化工法	210, 224
コンクリート杭工法	184
洪積世	11
洪積層	11
コンシステンシー	37
コンシステンシー限界	38

［さ］

最小密度	34
最大密度	34
再載荷時の圧縮指数	14, 88
再調整試料	137, 139
細粒分	26, 28
細粒分含有率	70
逆打ち工法	243
砂質地盤	73, 117
三軸圧縮試験	107
サンドコンパクション工法	224
サンプリング	22

［し］

時間係数	92

271

索　引

軸差応力 ……………………109, 110
シートパイル ………………………242
支持杭 …………………4, 232, 251
支持力 …………………201, 246, 248
支持力係数 ………………201～204
支持力の計算方法 ………202, 218
$G～γ$関係 …………………………131
地盤改良 …………………209, 224
地盤調査 ……………………13, 192
地盤沈下 ……………………80, 255
地盤の支持力 ………………………200
地盤のポアソン比 ……51, 185, 206
地盤の摩擦抵抗 ……………………209
地盤のヤング係数 …………………222
締固め工法 …………………………210
湿潤単位体積重量 …………………32
湿潤密度 ………………………………32
地盤内応力 …………………………45
地盤反力係数 ………………………222
斜面安定 …………………172, 195
収縮限界 ………………………………38
自由水 ……………………………37, 62
自由地下水 …………………………66
集中荷重 ………………………………51
周面摩擦抵抗 ………………………217
重力井戸 ………………………………66
主応力 …………………………………109
主働状態 ………………………………147
受働状態 ………………………………147
主働土圧 ………………………………147
受働土圧 ………………………………147
主働土圧係数 ………………………147
受働土圧係数 ………………………147
シルト …………………………26, 28
終局限界状態 ……6, 126, 246, 249
順打ち工法 …………………………243
使用限界状態 …………6, 246, 248
浸食 …………………………………………8

浸透流 …………………………………72
浸透力 …………………………………71
シンウォールサンプリング法 ………23

［す］

水平地盤反力係数 …………15, 221, 222
水平抵抗 ………………………………221
砂杭工法 ………………………………210
砂地盤 ……………………………22, 63
水圧 …………………………………248
水中単位体積重量 …………………33
スウェーデン式サウンディング ……19
すべり安全率 ………………………172
寸法効果 …………………………18, 202

［せ］

正規圧密 ………………………………86
正規圧密粘土 ………………………127
セメント系スラリー ………………210
先端抵抗 ………………………………217
静止土圧 …………………147, 158
静止土圧係数 …………147, 158, 159
静水圧 …………………………………101
性能設計 …………………………………6
接地圧 …………………………………231
全応力 ……………………………12, 46
先行圧密圧力 ………………………86
せん断強度 …………………12, 106
せん断応力 …………………………106
せん断試験 …………………………105
せん断弾性係数 ……………11, 131
せん断抵抗角 …106, 159, 184, 185, 202
全面改良 ………………………………210

［そ］

ソイルセメント柱列工法 …………242
総沈下量 ………………………………208
相対密度 …………………………33, 124

272

索 引

側圧 ・・・・・・・・・・・・・・・・・・・・・・160, 241
側圧係数 ・・・・・・・・・・・・・・・・・・161, 162
側面摩擦抵抗 ・・・・・・・・・・・・・・・・・・・209
即時沈下 ・・・・・・・・・・・・・・・・・・187, 207
続成作用 ・・・・・・・・・・・・・・・・・・・・・9, 117
塑性限界 ・・・・・・・・・・・・・・・・・・・・・・・・・38
塑性指数 ・・・・・・・・・・・・・・・・・・・・・・・・・38
塑性平衡の状態 ・・・・・・・・・・・・・199, 200
粗粒分 ・・・・・・・・・・・・・・・・・・・・・・・・・・・26
損傷限界状態 ・・・・・・・・・・7, 126, 246, 248

[た]

耐久性 ・・・・・・・・・・・・・・・・・・・・・・・・・190
滞水層 ・・・・・・・・・・・・・・・・・・・・・・67, 68
第三紀 ・・・・・・・・・・・・・・・・・・・・・・・・・・10
第四紀 ・・・・・・・・・・・・・・・・・・・・・・・・・・10
体積圧縮係数 ・・・・・・・・・・・・・・・・・83〜85
体積圧縮率 ・・・・・・・・・・・・・・・・・・78, 102
ダルシーの法則 ・・・・・・・・・・・・・・・・・・62
ダイレタンシー特性 ・・・・・・・12, 36, 100
単杭の鉛直沈下量 ・・・・・・・・・・・・・・・219
弾性波速度試験 ・・・・・・・・・・・・・・・・・・20
弾性論 ・・・・・・・・・・・・・・・・・・・・・・・・・205

[ち]

地下水位 ・・・・・・・・・・・・15, 47, 79, 119
力の釣り合い条件 ・・・・・・・・・・・・・・・174
沖積世 ・・・・・・・・・・・・・・・・・・・・・・・・・・11
沖積層 ・・・・・・・・・・・・・・・・・・・・・・・・・・11
直接基礎 ・・・・・・・・・・・2, 183, 232, 238
沈降分析法 ・・・・・・・・・・・・・・・・・・・・・・26
地下室 ・・・・・・・・・・・・・・・・・・・・240, 248
地中連続壁杭 ・・・・・・・・・・・・・・・・・・・254
沈下 ・・・・・・・・・・・・・・・・・・・・・199, 207
沈下量 ・・・・・・・・・・・・・・・・・・・205, 208

[つ]

通過質量百分率 ・・・・・・・・・・・・・・・・・・26

土かぶり圧 ・・・・・・・・・・・・・・・・・・・・・・85
土くさびの釣り合い ・・・・・・・・・・・・・156

[て]

定水位透水試験 ・・・・・・・・・・・・・・・・・・64
テルツアーギ（Terzaghi）・・・・・・・・・・201
テルツアーギの支持力理論 ・・・・・・・・201
テルツアーギの方法 ・・・・・・・・・・・・・・73

[と]

土圧 ・・・145, 146, 151, 160, 241, 248, 257
等価な繰返しせん断応力比 ・・・・・・・・125
等時曲線 ・・・・・・・・・・・・・・・・・・・・・・・94
等分布荷重 ・・・・・・・・・・・・・53〜55, 201
独立フーチング基礎 ・・・・・・・・・・・・・198
土圧係数 ・・・・・・・・・・・・・・・・・・・・・・・146
透水係数 ・・・・・・・・・・・・・・63〜67, 69
透水試験法 ・・・・・・・・・・・・・・・・・・・・・・64
動水勾配 ・・・・・・・・・・・・・・・・・・・62, 63
土粒子密度 ・・・・・・・・・・・・・・・・・・・・・・31
土粒子密度試験 ・・・・・・・・・・・・・・・・・・31

[ぬ]

布基礎 ・・・・・・・・・・・・・・・・・・・・・・・・・198

[ね]

粘性土 ・・・・・・・・・・・・・・・・・37, 63, 251
粘着力 ・・・・・・・・・・・・・・・・35, 151, 184
粘土粒子 ・・・・・・・・・・・・・・・・・・・・・・・・37

[は]

パイルド・ラフト基礎 ・・・5, 230, 232, 251
場所打ちコンクリート杭
　・・・・・・・・・・・・・・・・・・・・・184, 218, 239
破壊基準 ・・・・・・・・・・・・・・・・・・・・・・・110
破壊包絡線 ・・・・・・・・・・・・・・・・・・・・・110
バックプレッシャー ・・・・・・・・・・・・・108
盤ぶくれ ・・・・・・・・・・・・・・・・・・・・・・・・74

273

索　引

排水条件 ……………………13

[ひ]

引抜き抵抗 ……………223, 252
ひずみ依存性 ………………185
ひずみレベル ………………185
非排水せん断強度 ……114, 127
被圧地下水 …………………68
非圧密非排水せん断試験 ………113
ピクノメーター ……………31
B値 ……………………………103
標準貫入試験 ………………16
標準圧密試験 ………………82

[ふ]

不攪乱試料 ……………186, 206
複合フーチング基礎 ………198
負の摩擦力 ……………225, 255
フローティング基礎 ……250, 251
風化 ……………………………8
ブーシネスク（Boussinesq）…51
V_s 等価法 …………………159
フーチング基礎 ………4, 198
不同沈下 ………3, 185, 208, 232
浮力 …………………………80
フルイ分析法 ………………26

[へ]

平板載荷試験 …………17, 56
ヘーゼン（Hazen）…………69
壁面摩擦角 …………………156
併用基礎 ………………4, 230
ペデスタルパイル …………184
変形角 …………………246, 247
べた基礎 ………………4, 198
変水位透水試験 ……………65

[ほ]

ボイリング …………………73
ボーリング …………………15
飽和単位体積重量 …………33
飽和度 ………………………30
補正N値 ……………………125
補正係数 ……………………202
掘抜き井戸 …………………68

[ま]

摩擦杭 …………………4, 232

[み]

乱れの少ない試料 ………22, 136

[も]

毛管水 ………………………62
モデル化 ………………221, 232
モール・クーロンの破壊基準　110, 148
モールの応力円 ………48, 110, 127

[や]

ヤーキの式（Jaky）…………159
山留め工法 ……………192, 241
山留め設計施工指針 ………161
山留め壁 …………160, 240～242

[ゆ]

有効応力 ………12, 46, 47, 80, 121
有効径 …………………28, 69
有効上載圧 …………………108
有効基礎幅 …………………203
有効平均主応力 ……………159

[よ]

揚水試験法 …………………67
擁壁 …………………146, 256
要求性能レベル ……………246

274

索 引

［ら］

ランキン ……………………148〜154
ランキンの主働土圧係数 ……151, 152
ランキンの受働土圧係数 …………151

［り］

リバウンド ……………………241
粒径 ……………………15, 26, 69
粒径加積曲線……………………27〜29
流速……………………62, 64, 89
流動曲線……………………38

粒度配合 ……………………28
粒度試験 ……………………26

［る］

$\sqrt{t}$ 法 ……………………93

［れ］

レイノルズ（Reynolds）……………101
礫質土 ……………………108, 159
礫地盤……………………22
連続フーチング基礎 ……………198

著 者 紹 介

畑中宗憲（はたなか　むねのり）
1947年　中国蘇州市生まれ。工学博士
1972年　東京工業大学工学部建築学科卒業
1977年　東京工業大学大学院理工学部建築学専攻博士課程修了
1977〜1999年　（株）竹中工務店技術研究所
2000年〜2014年　千葉工業大学工学部建築都市環境学科教授

加倉井正昭（かくらい　まさあき）
1944年　東京都生まれ。工学博士
1968年　東京工業大学工学部建築学科卒業
1970年　東京工業大学大学院理工学部建築学専攻修士課程修了
1970年　（株）竹中工務店入社
1971〜2004年　（株）竹中工務店技術研究所
1999年〜　東京理科大学非常勤講師
2005年〜2010年　（株）東京ソイルリサーチ常務取締役技術本部長
2009年〜　東京理科大学客員教授
2010年〜　パイルフォーラム（株）代表取締役

鈴木比呂子（すずき　ひろこ）
1977年　群馬県生まれ。博士（工学）
2000年　東京工業大学工学部建築学科卒業
2005年　東京工業大学大学院理工学研究科建築学専攻博士課程修了
2005〜2013年　東京工業大学大学院理工学研究科建築学専攻
2013年〜　千葉工業大学工学部建築都市環境学科准教授

新版 建築基礎構造

定価はカバーに
表示してあります。

2016年4月1日　新版第1刷発行 ©

著　者	畑中宗憲	
	加倉井正昭	
	鈴木比呂子	
発行者	揖斐憲	
発　行	東洋書店新社	

〒150-0043　東京都渋谷区道玄坂1丁目19番11号
寿道玄坂ビル4階
TEL 03-6416-0170　FAX 03-3461-7141

発　売	垣内出版株式会社

〒158-0098　東京都世田谷区上用賀6丁目16番17号
TEL 03-3428-7623　FAX 03-3428-7625

組　版	Days
印刷・製本	中央精版印刷株式会社
装　幀	クリエイティブ・コンセプト

落丁，乱丁本はお取り替え致します。　　　　　ISBN978-4-7734-2010-4